Thomas de Padova
Wissenschaft im Strandkorb

Zu diesem Buch

Der Strandkorb ist eine Oase der Ruhe. Man klappt die Rückwand nach hinten, fährt die Fußstützen aus, liest, schläft, döst, manchmal hebt die Phantasie zu abenteuerlichen Denkspiralen an: Warum wandern Dünen? Warum werden Lippen blau? Warum haben wir zwei Nasenlöcher? Warum sammeln sich Flusen im Bauchnabel? Der Wissenschaftspublizist und gelernte Physiker Thomas de Padova hat für sein neues Buch wieder hundertundeine dieser »lebenswichtigen« Alltagsfragen ausgewählt. Und wie in seiner beliebten Aha-Kolumne im Berliner »Tagesspiegel« zieht er für die Antworten die besten Wissenschaftler des Landes zurate. Spannendes und Überraschendes gibt es zu entdecken: Dass es keine Naschkatzen gibt, weil Katzen das Süße gar nicht schmecken können. Dass Socken sich wirklich zwischen Waschmaschine und Kleiderschrank davonmachen. Und wer ein bisschen von Geologie und der Bewegung der Erdplatten auf dem Globus versteht, kann locker erklären, warum wir die Schale unseres Frühstückseis anpieksen.
»Amüsante Lektüre für alle, die neugierig geblieben sind.« (Der Tagesanzeiger)

Thomas de Padova, geboren 1965 in Neuwied, hat in Bonn und Bologna Physik und Astronomie studiert. Zwischen 1997 und 2005 war er Wissenschaftsredakteur beim »Tagesspiegel«. Jetzt ist er freier Publizist, wöchentlich erscheint im »Tagesspiegel« seine Aha-Kolumne zu Alltagsrätseln. Im Piper Verlag liegt vor: »Die Kinderzimmer-Akademie«.

Thomas de Padova

Wissenschaft im Strandkorb

Piper München Zürich

Mehr über unsere Autoren und Bücher:
www.piper.de

ISBN 978-3-492-05102-6
© Thomas de Padova und Piper Verlag GmbH, München 2008
Umschlaggestaltung: Büro Jorge Schmidt, München
Umschlagabbildungen: Günter Rossenbach / zefa / Corbis (Strandkorb)
und © Davies and Starr / Getty Images (Ei)
Satz: Satz für Satz. Barbara Reischmann, Leutkirch
Druck und Bindung: Clausen & Bosse, Leck
Printed in Germany

Inhalt

Haushaltshilfe

Expeditionen

Wissenschaft im Strandkorb

Vorwort

Der Strandkorb ist eine Oase der Ruhe. Man klappt die Rückwand nach hinten, fährt die Fußstützen aus, macht es sich in der sturmfreien Bude bequem, liest, schläft, döst, Gedanken kommen und gehen, manchmal hebt die Phantasie zu abenteuerlichen Denkspiralen an.

Abgeschirmt von Wind und Wetter und von seinen Mitmenschen ist in dem kleinen Reihenhäuschen nur die unablässige Stimme des Meeres zu hören. Der Blick geht nicht nach rechts und nicht nach links. Im Strandkorb nimmt man nur einen kleinen, rechteckigen Ausschnitt der Wirklichkeit wahr. Man schaut in die Ferne, auf einen offenen Horizont hinaus.

Abgeschottet von vielen Problemen des Alltags dürfen auch Forscherinnen und Forscher ihren Blick auf einen kleinen Ausschnitt der Wirklichkeit lenken. Oft behalten sie, auf Entdeckungen hoffend, die einmal gewählte Perspektive über Jahre bei. Ihre voneinander separierten Institute und Fachbereiche sind Oasen der Ruhe und Inspiration. In dem einen Häuschen eine Spezialistin für Tauch- und Überdruckmedizin, dort lässt ein Windradingenieur seine Ideen kreisen, nebenan, schatzsuchend, eine Koryphäe für Perlaustern. Sie alle sind Experten in einem kleinen Wissensbereich und genau wie unsereins Laien, sobald sie einen ihrer Nachbarn besuchen.

Das zunehmende Bewusstsein dafür, an den Stränden der Forschung nur eine kleine Kenntnisparzelle zu überblicken, hat die Wissenschaftlerinnen und Wissenschaftler offener gemacht. Von ihrem einstigen Überlegenheitsgefühl ist nicht viel geblieben. Die meisten von ihnen reagieren aufgeschlossen und freuen sich sogar, wenn jemand auf sie zukommt und sich nach ihrem Interessengebiet erkundigt. Sie antworten mit Begeisterung und

Liebe zum Detail auf Fragen, bei denen unsereins ins Schwitzen kommt.

Als Wissenschaftspublizist profitiere ich in besonderer Weise davon. In den vergangenen Jahren habe ich Hunderte Strandkörbe einen nach dem anderen abgeklappert. Immer wieder nehme ich erstaunt zur Kenntnis, womit sich all die Experten – manchmal auch ganz nebenbei – auseinandersetzen. Die wöchentliche Kolumne »Aha« auf den Wissenschaftsseiten des »Tagesspiegel« lebt von der Vielfalt ihrer Fach- und Spezialgebiete. Warum spuckt der Taucher in die Brille? Warum haben Windräder drei Flügel? Warum kippt der Kopf beim Nickerchen weg? Warum hält sich der Knutschfleck? Warum hat das Hirn so viele Windungen? Warum ist das Meer blau?

Für dieses Buch habe ich einen Teil aus diesem Fundus überarbeitet und thematisch zusammengestellt. Die von den Wissenschaftlerinnen und Wissenschaftlern beantworteten Fragen betreffen unseren Körper (Bodybildung), unser tägliches Umfeld (Haushaltshilfe), die Natur (Expeditionen) und all das, was wir aus dem Strandkorb heraus beobachten (Wissenschaft im Strandkorb). Dabei lädt der besondere Blickwinkel der Spezialisten dazu ein, das Gewohnte und scheinbar Vertraute einmal mit anderen Augen zu sehen.

Mein Dank gilt denjenigen, die meine Fragen und Nachfragen geduldig beantwortet haben. Ich möchte auch Dr. Hartmut Wewetzer und Dr. Paul Janositz für ihre zahlreichen Anregungen danken, sowie meiner Frau Anne für ihre Ideen und die Durchsicht der Texte, zudem dem Piper Verlag und Barbara Wenner, ohne deren Hilfe das Büchlein nicht zustande gekommen wäre.

Vielleicht werden die Fragen, die auch so manchen einschlägigen Experten ins Grübeln gebracht haben, Ihren Blick für die Wunder des Alltags schärfen. Und dazu beitragen, dass Sie sich Ihre Neugier erhalten, statt den Kopf womöglich in den Sand zu stecken.

Bodybildung

Warum hält sich der Knutschfleck?

Bei der ersten Liebe heißt es: Farbe bekennen. Oder vielleicht doch nicht? Der Knutschfleck changiert zwischen Peinlichkeit und offen zur Schau getragener Trophäe. Er liegt an der Grenze zwischen Verdecktsein und Gesehenwerden und fristet viele Stunden seines nicht allzu langen Lebens unter einem Rollkragenpulli oder Schal.

Der Hals ist für den Knutschfleck wie geschaffen. An der Hand oder am Rücken würde der Liebende vergeblich saugen. Aber am Hals, der sehr beweglich sein muss, ist das Bindegewebe weich und dünn, geradezu prädestiniert für die Bluttat.

Das Blut im Unterhautgewebe fließt durch sehr kleine Röhrchen. »Diese Kapillaren sind auf der Innenseite mit Zellen ausgekleidet, die – anders als die Kacheln im Bad – nicht die ganze Oberfläche bedecken«, sagt Hanno Riess, stellvertretender Direktor der Abteilung Hämatologie der Berliner Charité. »Die Zellen sind nicht passgenau.« Es gibt Zwischenräume, durch die Flüssigkeiten und Nährstoffe ein- und ausströmen.

Über diesen Zellen liegt das Bindegewebe. Saugt jemand kräftig daran, entsteht darin ein Unterdruck, das Blut tritt durch die Zwischenräume ins Gewebe aus. Blut ist sehr farbintensiv. Daher genügt schon weniger als ein Milliliter, um den Bluterguss sichtbar zu machen. Bei kräftigem Saugen können kleinere Blutgefäße auch platzen.

Der Knutschfleck ist in der Mitte heller als am Rand, wo die Lippen stark angepresst werden. Mit der Zeit verändert er seine Farbe. Die roten Blutkörperchen geben im Gewebe ihren Sauerstoff ab und werden dunkelrot bis blau. Vor allem rücken über die Blutgefäße kleine Helfer nach, um den Schaden zu beheben. Sie bauen den Blutfarbstoff ab. Das dauert eine Weile und geschieht Schritt für Schritt. Enzyme verwandeln das Hämoglobin in blaugrünes Biliverdin, später in gelbbraunes Bilirubin, das übers Blut zu Leber und Niere transportiert und ausgeschieden wird.

Ein Blutsverwandter des Knutschflecks ist das Veilchen, mit dem ein Boxer den anderen beglückt. Dafür braucht er gar nicht so dicke Muckis, weil das Bindegewebe am Auge ebenfalls weich ist.

Auch literarisch steht der Knutschfleck dem Veilchen nahe. Vor allem jenem Blümchen, das in einem Liebesgedicht Goethes auf der Wiese steht. Dieses Veilchen liebt eine leider ziemlich unachtsame Schäferin und wird von dieser plattgetreten. Es freut sich dennoch, zu ihren Füßen sterben zu dürfen. So wunderbar absurd kann die Liebe sein!

Warum haben wir zwei Nasenlöcher?

Unser evolutionäres Erbe umfasst nicht zwei Nasenlöcher, sondern vier. Wir verdanken sie den Fischen. Unsere Fischahnen hatten zwei vordere Nasenöffnungen, durch die beim Schwimmen Wasser einströmte, und zwei hintere, durch die es wieder hinausfloss. Ihre Nase bestand aus zwei kleinen Röhrchen. Sie war nur zum Riechen da und nicht zum Atmen. Es gab keine Verbindung zum Körperinneren.

Der Durchbruch zur Nasenatmung ereignete sich, noch bevor die ersten Wirbeltiere an Land gingen. Es war ein Durchbruch durch den Gaumen. Das 395 Millionen Jahre alte Fischfossil »Kenichthys« zeigt zwei solcher Lücken für Nasenlöcher im Kiefer. Sie haben sich später bei den Säugetieren nach hinten in den Rachen verlagert.

Über diese Durchgänge zur Nasenhöhle atmen wir. Zugleich nehmen wir darüber Düfte wahr. Nicht nur über die beiden äußeren Nasenlöcher, sondern auch von innen. Wir riechen, sobald wir essen oder Wein trinken. Weinkenner umschreiben dieses Bukett mit blumigen Worten.

Nüchtern betrachtet riecht der Mensch schlechter, seit er die Nase oben trägt. Sie hat sich vom duftenden Erdreich entfernt. Wir können nicht so gut wie Ratten oder Hunde unterscheiden, aus welcher Richtung ein Geruch kommt. Aber mit zwei äußeren Nasenlöchern sind wir grundsätzlich noch immer dazu imstande.

Wenn Luft von außen in die Nase gelangt, passiert sie einen Engpass, wird dahinter verwirbelt, aufgewärmt und befeuchtet. Ein kleines Areal unserer Nasenhöhle ist mit einer Riechschleimhaut ausgekleidet. Dort haben sich Millionen Sinneszellen auf die Wahrnehmung von Duftmolekülen spezialisiert. Sie leiten ihre Signale über den »Nervus olfactorius« weiter zum Gehirn.

Außerhalb der Riechschleimhaut ist noch der Trigeminusnerv am Riechen beteiligt. Seine freien Nervenenden reagieren ebenfalls auf chemische Reize, in der Regel aber erst bei einer höheren Konzentration an Duftstoffen.

»Wir können stereo riechen«, sagt Thomas Hummel, Leiter des Arbeitsbereichs »Riechen und Schmecken« der Uniklinik Dresden. »Man kann Düfte aber nur dann gut nach ihrer Richtung differenzieren, wenn sie auch den Trigeminus anregen.« Kräftiges, gezieltes Schnüffeln hilft, die Duftstoffe möglichst gut in der Nase zu verteilen.

Dass wir das Richtungsriechen trainieren können, haben Forscher experimentell belegt. Mit dem Zweiten riechen wir nicht nur stereo, wir riechen damit auch besser. Wenn 50 Prozent eines Stoffes ins rechte Nasenloch gelangen und 50 Prozent ins linke, nehmen wir dessen Geruch intensiver wahr, als wenn alles durch ein Loch strömt.

Warum sammeln sich Flusen im Bauchnabel?

Neun Monate lang hängt das Leben des Kindes an einem seidenen Faden. Nur die Nabelschnur sichert seine Rundumversorgung. Wie eine Pipeline verbindet sie den Fötus über den Mutterkuchen mit dem Blutkreislauf der Mutter. Kaum aber hat das Kind den Geburtskanal verlassen, bricht der Nachschubweg ab, die Nabelschnur hört auf zu pulsieren. Ihre Blutbahnen liegen binnen Minuten still.

Die Abnabelung erfolgt schnell. Nach dem Durchtrennen der Schnur wenige Zentimeter über der Bauchdecke erinnert ein kurzes Endstück noch ein paar Tage an die einstige Direktverbindung. Doch auch dieser Nabelschnurrest vertrocknet und fällt ab. Zurückbleibt eine kleine Narbe: der Bauchnabel.

Meist hat der Bauchnabel die Form eines Trichters, manchmal aber auch die eines kleinen Knopfes. Während der Embryo im Mutterleib heranwächst, ist seine Bauchdecke zunächst noch völlig offen. Sie wächst erst von allen Seiten zu, wenn sich der Darm des Kindes bereits mehrfach gewunden hat. Wo die Nabelschnur austrat, bleibt eine Lücke. Dieser Nabelring ist manchmal recht weit, sodass er sich nach der Geburt nur langsam verengt. Dann kann sich das Bauchfell durch den Ring nach außen stülpen: Der Nabel steht vor wie ein Knopf.

»In der Regel muss man das nicht operieren«, sagt Felix Schier, Leiter der Kinderchirurgie des Uniklinikums Mainz. »Selbst wenn der Bauchnabel zunächst vorsteht, zieht er sich in den meisten Fällen immer weiter nach innen zurück.« Bis zum vierten oder fünften Lebensjahr verwächst das Nabelgewebe.

Der klassische Bauchnabel bildet irgendwann einen Trichter. Bei dicken Bäuchen ist das Loch besonders tief. Es wird leicht zur Sammelgrube, in der Schweiß und allerlei Fusselkram miteinander verkleben.

Das passiert insbesondere dann, wenn sich Teile aus dem Gewebe unserer Kleidung lösen. Je kürzer die zu einem Garn versponnenen Fasern, umso schlechter sind sie darin eingebunden. Äußerlich kann sich dies etwa durch Möppchen und Wollmäuse bemerkbar machen, die nur noch mit einer Ankerfaser am Pullover hängen.

Wie beim Deutschen Wollinstitut in Erfahrung gebracht werden kann, löst sich bei dauernder Reibung am Körper so manches Gewebe auch von innen her auf: etwa Feinripp-Unterhemden, die von männlicher Brustbehaarung aufgeschubbert werden. Der Abrieb folgt der Schwerkraft, wandert zum Nabel und verschwindet im feuchten Flusengrab. Krankenschwestern zufolge soll sich die Wolle bei mangelnder Hygiene zu regelrechten »Nabelsteinen« verdichten. Im Internet berichten sie von Patienten, bei denen die Klumpen selbst mit einer Pinzette kaum noch zu entfernen waren.

Warum hört sich die eigene Stimme auf Tonband fremd an?

Der Spruch auf dem Anrufbeantworter klingt, als wäre er nicht von mir. Ich dachte, meine Stimme wäre tiefer. Meine Frau sagt, ich spreche immer so. Sie hört mich anders als ich mich.

Der Schall kann unser Ohr auf verschiedenen Wegen erreichen. Wird er durch die Luft übertragen, gelangt er über die Ohrmuschel zum Trommelfell. Die trichterförmige Membran überträgt die Luftschwingungen an die Lymphflüssigkeit des Innenohrs. Allerdings nicht direkt, weil sonst fast der gesamte Schall an der Grenzfläche reflektiert würde wie an einer Schallschutzmauer. Das Trommelfell ist stattdessen an einem Knöchelchen angewachsen: den »Hammer«. Er nimmt die Vibrationen auf und leitet sie über Gelenke weiter an »Amboss« und »Steigbügel«. Letzterer ist mit nur drei Milligramm Gewicht der kleinste Knochen unseres Körpers.

Die Platte an seinem Ende, auf die nun die gesamte Kraft wirkt, ist winzig. Der Schalldruck am Innenohr ist dadurch erheblich höher als der Druck, der das größere Trommelfell in Schwingung versetzt. Diese Verstärkung macht unser Ohr zu einem empfindlichen Sinnesorgan. Das lauteste noch erträgliche Geräusch ist bei gesundem Gehör mehr als eine Million Mal lauter als die leisesten wahrnehmbaren Töne.

Das Innenohr zerlegt den Schall in seine verschiedenen Frequenzen. Die Schwingungen der Lymphflüssigkeit reizen unter anderem die Haar-Sinneszellen entlang der Gehörschnecke. Hohe Frequenzen werden am Eingang der Schnecke registriert, tiefe Töne erregen das Ende der Windung. So ist jeder Frequenz, wie auf einer Tonleiter, ein Platz zugeordnet.

Wenn wir selber sprechen, gibt es zusätzliche Übertragungswege. Neben der Luft leiten dann auch unsere Knochen den Schall weiter. »Beim Sprechen schwingt der Schädel mit«, sagt Gerald Fleischer, Biotechniker und Leiter der Hörforschung an der Universität Gießen. Diese Schwingungen erreichen ebenfalls die Gehörschnecke, die nur kaffeebohnengroße Cochlea. »Sie haben sehr große Wellenlängen und drücken auf die kleine Cochlea.«

Die Schnecke wird von den Druckwellen komprimiert und wieder auseinandergezogen. Auch dadurch entsteht ein Höreindruck.

Aber nur, während wir sprechen. Hingegen fehlt er, wenn wir die eigene Stimme auf einem Tonträger hören. Das kann für Menschen, die viel mit ihrer Stimme arbeiten, irritierend sein. Wer als Kabarettist die Stimmen anderer imitiert, hört sich das Ergebnis seiner Bemühungen schon mal auf Band an, um mitzukriegen, was beim Publikum ankommt.

Warum hat das Hirn so viele Windungen?

Sie meinen also, Sie lägen in der Spitzengruppe? Mit nicht einmal drei Pfund Hirnmasse wären Sie ein großer Kopf? Können Sie sich vorstellen, dass ein Wal zehn Kilo zu bieten hat?

Das ficht Sie natürlich nicht an, denn der ist ja riesig. Man muss das Ganze in Relation zur Körpergröße betrachten. Dann schneiden Sie im Vergleich zur Spitzmaus allerdings schlecht ab. Bei ihr macht das Hirn satte zehn Prozent des Körpervolumens aus, bei Ihnen sind es vielleicht zwei.

Der reine Größenvergleich lässt den Stolz des Homo sapiens auf ein ernüchterndes Ergebnis zusammenschrumpfen: Er wirft nicht mehr Hirn in die Waagschale als andere Säugetiere. Macht es also auch hier nicht allein die Masse, sondern die Klasse?

Auffällig am menschlichen Hirn ist die stark gefaltete Großhirnrinde, Sitz unseres Gedächtnisses und Bewusstseins. Mit ihren vielen Windungen überdeckt sie nahezu alle anderen Hirnteile. Ihre oberste Schicht ist grau. In ihr liegen Zigmilliarden Nervenzellen, die über Fasern miteinander in Verbindung stehen, jede von ihnen mit vielen Tausend anderen. Dieser Kabelwust bildet die weiße Hirnsubstanz.

Während der Embryonalentwicklung wandern die späteren Hirnzellen zu vorbestimmten Plätzen. Ihre Fasern wachsen, treffen auf andere Zellen und verknüpfen die Hirnregionen miteinander. Ist die Hirnrinde anfangs noch relativ glatt, ändert sich ihre Struktur im Zuge dieser Verknüpfungen.

»Die Fasern ziehen das Gehirn zusammen«, sagt Claus Hilgetag, Neurowissenschaftler an der Jacobs University Bremen. Wo sich viele Stränge spannen, wölbt sich die Rinde nach außen, wo die Verkabelung locker ist, entstehen Furchen. »Ähnlich wie beim Sockenstopfen.« Das Gewebe wird zusammengezurrt. Daher die vielen Windungen.

Weil sich das Gehirn so stark windet, ist seine Oberfläche zwar groß. Trotzdem können Zellen auseinanderliegender Rindenteile über ummantelte Fasern sehr schnell miteinander kommunizieren. Bei Frauen mit ihrem – aufgrund der insgesamt geringeren Körpergröße – etwas kleineren Hirn ist die Rinde noch stärker gefurcht als bei Männern. »Das macht den Größenunterschied wieder wett.«

Das menschliche Hirn wächst langsamer als das anderer Primaten. Bei der Geburt hat es erst ein Viertel der endgültigen Größe erreicht, nach einem Jahr gerade einmal die Hälfte. Die grauen Zellen und die Verkabelung entwickeln sich unter äußeren Einflüssen weiter. Erst wenn zum Beispiel das für die Sprache wichtige Broca-Areal ausgereift ist, beginnen Kinder mit der grammatikalischen Sprachentwicklung.

Offen bleibt, auf welche Weise die gute Verkabelung und die lang andauernde Hirnentwicklung zur spezifisch menschlichen Intelligenz beitragen. Die Hirnforscher müssen ihre Windungen wohl noch ein bisschen bemühen.

Warum kippt der Kopf beim Nickerchen weg?

Der Luxus, Mensch zu sein, beruht darauf, dass andere ständig für uns wachen. Ich genieße das. Während meine Frau am Steuer sitzt, fallen mir die Augenlider zu, die Straßenkarte sinkt in den Schoß, der Atem wird so regelmäßig wie das Fahrgeräusch eines Schlafwagens. Ein wenig verstörend ist nur, dass ich noch mehrmals aufschrecke, weil mein Kopf ruckartig nach vorne fällt. Aus diesem Grund gehört bei Zugreisen ein aufblasbares Nackenkissen zu meiner Standardausrüstung, als Beifahrer im Pkw habe ich da noch gewisse Hemmungen.

Wäre ich in Japan aufgewachsen, hätte ich schon in der Schule »Inemuri« gelernt: zu schlafen und anwesend zu sein. Das Nickerchen ist dort allgemein anerkannt. Kinder nehmen kleine Handtücher als Kopfablage mit in den Unterricht und üben die Schlafpause, die sie später minutengenau beim U-Bahn-Fahren oder bei Konferenzen einsetzen können.

Beim Nickerchen braucht der Kopf eine Stütze. Während wir wachen, halten ihn die Muskeln aufrecht, ohne dass wir es merken. Vier bis fünf Kilo muss unsere Halswirbelsäule tragen, die Nackenmuskulatur balanciert dieses Gewicht ständig aus.

Um sich jederzeit zusammenziehen zu können und die Haltung zu korrigieren, befinden sich die Muskeln in einer Grundspannung, dem Tonus. Ihre Kontraktionen setzen sich zu den Muskelspindeln hin fort, die kleinste Längenänderungen registrieren können. Sensible Nerven leiten diese Informationen ans Rückenmark weiter, das die Ausgleichsbewegungen steuert.

Kinder haben noch keinen ausgeprägten Tonus, ihre Bewegungen sind weich. Wer den Kopf hingegen bei der Schreibtischarbeit ständig weit nach vorne schiebt, hat eine hohe Spannung und mutet den Nackenmuskeln einiges zu.

Auch für sie ist das Nickerchen eine Erholung. »Wenn wir einschlafen, entspannt unsere Haltemuskulatur«, sagt Jürgen Zulley, Leiter des Schlafmedizinischen Zentrums der Universität Regensburg. »Deshalb können wir nicht im Stehen schlafen.« Aber auch wenn wir sitzen, verliert der Kopf die Balance und knickt weg. Das schreckhafte Aufwachen danach ist wie ein Warnsignal, dem Schlafbedürfnis endlich nachzugeben und eine Ruheposition fürs müde Haupt zu finden.

Dass wir gelegentlich mit offenem Mund dösen, liegt daran, dass neben den Nackenmuskeln auch der Kieferschließer erschlafft. »Es empfiehlt sich, nicht nur den Kopf anzulehnen, sondern auch die Kinnlade hängen zu lassen«, rät Zulley. »Das gibt ein wunderbar entspanntes Gefühl.« Zehn Minuten bis ein halbes Stündchen reichen völlig aus. Aus dem Tiefschlaf dagegen kommt man nur schwer wieder auf die Beine.

Warum haben wir ein leuchtendes Augenweiß?

Ein Auge auf jemanden werfen. Hingucken, den Blick auf sich ziehen, vielleicht die Lider niederschlagen, wenn der andere zu reagieren beginnt, dann wieder ein Auge riskieren – bis endlich genügend Zeichen gegeben wurden und einer Aufforderung zum Tanz nichts mehr im Wege steht. Unter den Primaten ist der Mensch das einzige Wesen, das bei der Partnerwahl ein solches Affentheater veranstaltet. Schöne Augen kann man dem anderen nämlich nur machen, wenn dessen Blickrichtung eindeutig erkennbar ist: dank eines strahlenden Augenweißes.

Beim Menschen hat die weiße Lederhaut keine Pigmente. Unsere Augen sind außerdem nicht rund, sondern mandelförmig, wodurch das Augenweiß noch besser hervortritt. Der Farbkontrast ist so gut, dass unser Gegenüber immer weiß, wohin wir gerade schauen. Die Bewegungen der dunklen Iris und der Pupille lassen sich genau verfolgen.

Forscher des Max-Planck-Instituts für evolutionäre Anthropologie in Leipzig vermuten, dass die Entstehung des Augenweißes mit unserem kooperativen Verhalten zusammenhängt. »Unser Auge hat sich so entwickelt, dass wir uns besser miteinander verständigen können«, sagt die Leipziger Biologin Juliane Bräuer. Schon Kleinkinder richten sich nach Augenbewegungen. Sie bevorzugen Kommunikationspartner mit kontrastreichen Gesichtern und lesen aus deren Augen. Fremde Augen können ein kooperatives Verhalten regelrecht erzwingen. »In einem Raum, in dem ein Kaffeeautomat steht, bezahlen Menschen eher für den Kaffee, wenn ein Foto an der Wand hängt, auf dem Augen zu sehen sind.« Man fühlt sich stärker kontrolliert und verhält sich entsprechend.

Vielen Affen fehlt ein ausgeprägtes Augenweiß. Deshalb sehen zum Beispiel Gorillas so traurig aus. Ihre dunkle Lederhaut hebt sich von der sonstigen Gesichtsfarbe kaum ab. Sie verbergen damit vor anderen, wohin sie schauen. In einer starken Konkurrenzsituation um Futter und Sex könnte dies von Vorteil sein. Schon junge Affen zeigen weniger Kooperationsbereitschaft als Kleinkinder. Sie kommunizieren weniger über Augenkontakt, achten dafür allerdings mehr auf die Richtung, in die der Kopf des anderen zeigt.

Beim Menschen ermöglicht nicht nur der Kontrast zwischen Iris und Augenweiß, sondern auch der zwischen Augenbrauen und einer hellen Haut den Austausch von Signalen über größere Distanzen. Das Zucken der Brauen setzen wir beispielsweise ein, um Zustimmung oder Gereiztheit auszudrücken.

Für die Entwicklung der glänzenden Lederhaut haben vermutlich noch andere Faktoren eine Rolle gespielt. Nach Ansicht einiger Wissenschaftler könnte das helle Augenweiß auch auf einen gesunden Sexualpartner hinweisen. Mit Wimperntusche und Kajalstift ließe sich ein solcher Eindruck noch unterstreichen.

Warum schmecken Tränen salzig?

Die Hornhaut ist das Fenster des Auges. Sie ist glasklar. Weil keine Blut- oder Lymphgefäße darin vorhanden und ihre Zellen regelmäßig angeordnet sind, kann das Licht durch das etwa 0,5 Millimeter dünne Gewebe hindurch bis zur Netzhaut vordringen.

Diese Spezialisierung hat jedoch ihren Preis: Die Hornhaut ist sehr empfindlich. Sie ist auf eine dauerhafte und tadellose Versorgung angewiesen, auf Nachschub und Reinigung. Sauerstoff, Traubenzucker oder Salze müssen zu ihr hingebracht, tote Zellen und in Wasser gelöste Abfallprodukte wie Kohlendioxid oder Milchsäure beseitigt werden. An der Innenseite der Hornhaut erledigt vor allem das Kammerwasser diese Transportaufgaben, an der Außenseite spült der Tränenfilm das Sichtfenster ab.

Alle fünf bis zehn Sekunden wischen unsere Augenlider über die Hornhaut. Schlag auf Schlag verteilen sie einen Tränenfilm auf dem kleinen Scheibchen, entfernen Staub und Fremdkörper. Über einen Kanal fließt das Sekret in den Tränensack ab und weiter zur Nase.

»Die Tränenflüssigkeit hat auch eine antibakterielle Wirkung«, sagt Christian Ohrloff, Direktor der Universitäts-Augenklinik Frankfurt. »Mit Lysozym und anderen Abwehrstoffen schützt sie uns vor Bindehautentzündungen, unter denen Patienten mit trockenen Augen häufiger leiden.« Auch vor Geschwüren in der Hornhaut.

Der Tränenfilm kommt aus einer über dem Auge gelegenen Drüse. Diese holt sich die nötige Flüssigkeit aus dem Blutserum. Dabei werden etliche Proteine herausgefiltert, sodass eine klare Lösung entsteht. Die Salzkonzentration bleibt jedoch unverändert. Sie entspricht mit 0,9 Gramm Kochsalz pro Liter der des Blutes. Daher schmeckt es salzig, wenn bei einer Überproduktion der Tränendrüse ein See im Auge entsteht, über die Lidkante schwappt, in Form von Tränen an unseren Wangen hinunterkullert und bis in den Mundwinkel läuft.

Weinen hat etwas Reinigendes. Nicht nur für die Seele. Unsere vielschichtige Hornhaut holt sich dabei alles, was sie braucht. Das Salz der Tränen spielt für ihren Stoffwechsel allerdings eine untergeordnete Rolle. Der Tränenfilm versorgt sie zwar mit Sauerstoff. Traubenzucker und Salze gelangen aber in erster Linie über das Kammerwasser in die Hornhaut. Das Kammerwasser hält auch den Wassergehalt im Gewebe immer gleich hoch. So bleibt das Fenster unserer Augen klar und durchsichtig.

Warum werden Haare grau?

Anfangs habe ich mir die weißen Haare noch ausgezupft. Seit ein paar Jahren wachsen zu viele von ihnen nach. Die Schläfen werden grau, besser gesagt: weiß.

Graue Haare gibt es eigentlich nicht. Während die alten Haare ausfallen, Strähne für Strähne, bahnen sich neue den Weg, die von einem gewissen Alter an zunehmend unpigmentiert sprießen. Mischen sie sich unter schwarze oder braune Haare, ergibt das Zusammenspiel den Farbeindruck Grau.

Am Bart oder an den Schläfen ergrauen viele Menschen als Erstes, andere entdecken ihre ersten weißen Haare irgendwo auf dem Kopf. Kopfhaare erneuern sich allerdings erst nach etwa vier bis sechs Jahren. Sie haben viel zu wachsen und werden entsprechend lang. Barthaare sind nicht so langlebig, sie stehen nur ein Jahr ihren Mann. Wimpern fallen sogar schon nach wenigen Monaten wieder aus.

Das einzelne Haar ist nicht durchgängig gefärbt. Fein darin verteilte Pigmentkörnchen tragen den Farbstoff Melanin, eine Substanz, die auch in unserer Haut die Aufgabe hat, die ultraviolette Strahlung der Sonne zu absorbieren. Das Melanin wird an der Haarwurzel produziert, wo das Haar in der Lederhaut verankert ist. »Dort unten sitzen viele unreife Haarzellen, die wie aus einer Tulpenknolle nach oben als Haar rauswachsen«, sagt Natalie Garcia Bartels, stellvertretende Leiterin des Kompetenzzentrums für Haare und Haarerkrankungen der Berliner Charité. Der Haarfarbstoff entsteht in benachbarten Zellen, den Melanozyten. »Sie haben kleine Arme. Mit diesen Tentakeln packen sie die Haarzelle und übertragen den Farbstoff.«

Während sich Vögel auch schon mal mit blauen und grünen Federn schmücken, ist unsere Farbpalette bescheiden. Die Pigmentkörnchen im menschlichen Haar enthalten lediglich zwei Typen von Melanin: das schwarz-braune Eumelanin und den gelb-roten Farbstoff Phaeomelanin, der weniger gut vor der UV-Strahlung der Sonne schützt. Ihr Mengenverhältnis bestimmt die Farbrichtung, der Gesamtgehalt an Melanin die Farbtiefe der Haare.

Irgendwann im Alter ziehen sich die Hauptakteure zurück. Sowohl die Zahl der Melanozyten als auch ihre Aktivität nehmen ab. Während blonde, rote oder braune Haare ausfallen, rücken farblose Haare nach. Je nach Veranlagung entdeckt der eine schon mit Mitte zwanzig sein erstes weißes Haar, der andere erst mit sechzig. Vorzeitiges Ergrauen sollte jedoch Anlass zu einem Besuch beim Hautarzt geben. Manchmal verbergen sich dahinter Erkrankungen wie Schilddrüsenfunktionsstörungen oder Eisenmangel.

Warum tun wir uns schwer, mit den Ohren zu wackeln?

Es gibt gut gemeinte Ratschläge, nach denen man sich erst recht ohnmächtig fühlt. »Halt die Ohren steif!« ist so ein Spruch. Wie soll das gehen? Ein Ansporn soll auch die Aufforderung sein, »die Ohren zu spitzen«, worauf wir neidvoll auf die langen Stehohren des Schäferhundes blicken. Den Ohrmuschelrand aufzudrehen, ist für uns ein Ding der Unmöglichkeit.

Dabei sind die Unterschiede zwischen dem Ohr des Menschen und dem anderer Säugetiere gar nicht so groß. Wir alle haben trichterförmige Ohrmuscheln aus Knorpel. Beim Menschen ist dieser sehr elastisch. Biegt man ihn, kehrt er in die ursprüngliche Form zurück, weshalb es zum Beispiel völlig unsinnig wäre, abstehende Ohren mit einem Verband zu behandeln.

Die meisten Säugetiere können ihre Ohrmuscheln über Muskeln bewegen. Der Elefant fächert sich mit seinen großen Ohren an heißen Tagen Luft zu, ein Pferd kann die Ohren jederzeit um 180 Grad drehen, einige Huftiere halten ihre beiden Ohren gleichzeitig in entgegengesetzte Richtungen, um einen Feind aufzuspüren.

Tiere bringen mit der Stellung ihrer Ohren auch Ergebenheit oder Abwehrbereitschaft zum Ausdruck. Legt der Hund seine Ohren an, signalisiert er Furcht, stehen sie nach vorne, fühlt er sich in Sicherheit, bewegt er sie hin und her, möchte er spielen.

Hundeohren sind von Rasse zu Rasse unterschiedlich. Sie variieren vom Kippohr (Foxterrier) über das Fledermausohr (Französische Bulldogge) bis zum kurzen Stehohr (Spitz). Manche Hunde haben auch Hängeohren. »Solche Hängeohren sind ein Zuchtmerkmal und für die Kommunikation ein Nachteil«, sagt Dorit Urd Feddersen-Petersen, Fachärztin für Verhaltenskunde und Tierschutz an der Universität Kiel. »Sie können nicht mehr aufgestellt werden.«

Als Haustier gebraucht der Hund seine Ohren nicht mehr wie ein Wolf, er muss längst nicht so aufmerksam lauschen. Seine Muskeln sind zum Teil erschlafft und dabei, ähnlich zu verkümmern wie beim Menschen. Die meisten von uns sind deshalb außerstande, ihre Ohren auch nur irgendwie zu bewegen, obwohl wir alle noch rudimentäre Muskeln dafür besitzen. Wir brauchen sie nicht mehr. Anstatt die Ohren zu spitzen, wenden wir den Kopf oder halten die hohle Hand hinters Ohr. Nur wenige Menschen können noch mit den Ohren wackeln – obwohl vielleicht der ein oder andere gerne auf diese Weise signalisieren würde, dass er spielen möchte.

Warum pfeift das Hörgerät?

Schwerhörige haben oft ein zwiespältiges Verhältnis zum Hörgerät. Sie können damit Unterhaltungen besser folgen und sich im Straßenverkehr sicherer bewegen. Trotzdem ist der kleine Apparat bei Weitem nicht so beliebt wie die Brille. Er gilt nicht als schick, obwohl kleine Kopfhörer im Alltag längst gang und gäbe sind. Außerdem ist das Wechseln der Batterien lästig. Wenn das Gerät dann auch noch zwischendurch laut pfeift, legt man es verärgert zur Seite.

Das menschliche Ohr reagiert unterschiedlich auf hohe und tiefe Töne. Es zerlegt den Schall in seine Frequenzen. Jugendliche können Frequenzen zwischen tiefen 20 und extrem hohen 20 000 Hertz wahrnehmen. Ihr Gehör ist damit imstande, auf bis zu 20 000 akustische Schwingungen pro Sekunde zu reagieren. Wenn dieses Potenzial im Alter schrumpft, sind vor allem hohe Töne immer schlechter zu hören.

Dementsprechend verstärkt ein Hörgerät den Schall in Abhängigkeit von der Frequenz. Es muss aber auch den Schallpegel berücksichtigen. Denn viele Schwerhörige nehmen laute Signale gut wahr, nur leises Sprechen nicht. Der Apparat soll außerdem Störgeräusche unterdrücken und in akustisch schwierigen Situationen registrieren, woher der Schall kommt. Das alles soll natürlich auf engstem Raum geschehen, in einem möglichst unauffälligen, winzigen Gerät.

In einem Hörgerät sitzen die verschiedenen Komponenten nur Millimeter bis Zentimeter auseinander: die Mikrofone, die die

Signale aufzeichnen, der Audioprozessor, der sie, nach Frequenzen sortiert, verarbeitet, und der Lautsprecher. Mit einer solchen Mini-Elektronik lässt sich das unangenehme Fiepen nicht ohne Weiteres vermeiden. Wie eine akustische Anlage im Konzertsaal, die plötzlich laut summt, kann es auch beim Hörgerät passieren, dass das Ausgangssignal, das der Lautsprecher in den Gehörgang leitet, erneut von den Mikrofonen aufgenommen und nochmals verstärkt wird. Durch diese Rückkopplung schaukelt sich die Lautstärke in mehreren Durchläufen auf. Bis nur noch ein lautes Piepsen zu hören ist.

»Die Rückkopplung tritt aber nur bei bestimmten Frequenzen auf«, sagt Volker Hohmann vom Hörzentrum der Universität Oldenburg. »Sonst würde man keinen Pfeifton, sondern ein lautes Rauschen hören.« Den Hörgeräte-Entwicklern bietet sich damit die Möglichkeit, das Pfeifen durch einen Filter zu eliminieren.

Leider bleibt die Rückkopplungsfrequenz nicht immer gleich. Sie kann sich verschieben, sobald man das Hörgerät neu aufsetzt, einen Telefonhörer ans oder die Hand hinters Ohr hält. Selbst wenn man einfach nur kaut. Mit digitaler Technik gelingt es zwar immer besser, den Filter auch an wechselnde Situationen anzupassen und das Pfeifen zu unterdrücken. Manchmal aber piepst's trotzdem.

Warum kommen viele Babys mit blauen Augen zur Welt?

»Blaue Augen Himmelsstern, küssen und poussieren gern. Grüne Augen Froschnatur, von der Liebe keine Spur. Braune Augen sind gefährlich, aber in der Liebe ehrlich.«

Kurz nach der Geburt waren meine Augen noch blau-grau-braun. Sie sind schnell gedunkelt. Braune Augen, schwarzes Haar, dunkler Teint – die Pigmentzellen, die Melanozyten, haben binnen kurzer Zeit jegliche Zweifel an meinem Typ ausgeräumt. Wo immer sie in meinem Körper aktiv werden können, produzieren sie einen dunklen Farbstoff: das Melanin. Mein Haar strotzt

vor melaninhaltigen Pigmenten, meine Haut wird beim Sonnen-
baden schnell braun und schützt sich so vor ultraviolettem Licht.

Auch meine Iris, die als Ring um die Pupille liegt, hat früh
dicht gemacht. Wie die Blende einer Kamera reguliert sie den
Einfall des Lichts. Sie schirmt das wichtigste Sehfeld der Netzhaut, die Makula, vor einer ständigen Überbelichtung ab. Die
Lichtstrahlen können nur durch die Pupille eindringen, die sich
je nach Lichtsituation öffnet und weitet.

»Je dunkler die Regenbogenhaut, umso besser der Schutz«,
sagt Albert J. Augustin, Direktor der Augenklinik des Städtischen Klinikums Karlsruhe. Und je heller die Iris, umso sorgsa-
mer müsse man mit Licht umgehen. Wer zwischen dem zehnten
und 20. Lebensjahr mehr als zehn Sonnenbrände erlitten hat,
zeigt medizinischen Studien zufolge im Alter eher die Vorstufen
einer gefährlichen, degenerativen Netzhauterkrankung, der Makuladegeneration. »Schwarzafrikaner hingegen haben so viele
Pigmente, dass sie keine Makuladegeneration befürchten müssen.«

Die Pigmentierung der Regenbogenhaut nimmt erst im Verlauf der Kindheit zu. Daher kann sich die Augenfarbe ähnlich
wie die Haarfarbe verändern. Je nachdem, wie viel Melanin die
Zellen in den unterschiedlichen Segmenten der Iris produzieren
und wie eng- oder weitmaschig das Gewebe ist, ergibt sich ein
Blau-, Grün- oder Braunton. Etwa 90 Prozent der Menschen auf
der Welt haben braune Augen, die restlichen zehn Prozent sind
grün- oder blauäugig.

In unseren Breiten haben viele Babys zunächst helle Augen.
Der Blauton ihrer noch kaum pigmentierten Iris kommt dabei
ähnlich zustande wie das Blau des Himmels:

Sonnenlicht ist zwar für unsere Augen weiß, aber es setzt sich
aus allen Farben des Regenbogens zusammen. Am einfachsten
kann man dies mithilfe eines Prismas nachweisen. Glas lenkt das
Sonnenlicht nicht gleichmäßig ab, sondern die verschiedenen
Farben unterschiedlich stark. Es fächert das Licht in die verschiedenen Anteile auf, von Rot, über Orange, Gelb und Grün bis hin
zu Blau. Wenn das aus derart vielen Farben bestehende Sonnenlicht in die Erdatmosphäre eindringt, werden die blauen Strahlen

von den Luftmolekülen am stärksten nach allen Seiten hin gestreut. Sie färben den ganzen Himmel blau. Auch die Partikel in dem trüben Gewebe der Iris streuen das einfallende blaue Licht wirkungsvoller als rotes. Eine wenig pigmentierte Iris ist daher blau.

Warum wird man im Alter weitsichtig?

In dem Café an der Ecke liest Frau P. ihre Zeitung. Mit ausgestreckten Armen. Sie betrachtet das Weltgeschehen heute aus einem größeren Abstand als noch vor fünf Jahren. Aber schon bald werden diese Arme zu kurz sein, um auch nur irgendeinen Buchstaben in der Zeitung scharf sehen zu können. Es sei denn, Frau P. entschließt sich mit Anfang fünfzig endlich dazu, eine Lesebrille aufzusetzen.

Eine Dioptrie sollte am Anfang genügen, in zehn Jahren könnten es allerdings drei Dioptrien sein. Denn die Linse in unserem Auge büßt ihre Elastizität mit der Zeit ein. Damit verlieren wir die Fähigkeit, nahe Gegenstände zu fokussieren.

Ohne flexible Linse kein scharfes Bild. Die Linse führt parallele Lichtstrahlen in einem Punkt auf unserer Netzhaut zusammen. In jungen Jahren schaltet sie mithilfe eines Ringmuskels mühelos von Fern- auf Nahsicht um. Der Muskel zieht so stark an der Linse, dass sie sich wölbt. Infolge dieser Krümmung werden eintreffende Lichtstrahlen stärker gebrochen, der Fokus verschiebt sich nach vorne.

Erst im Alter sperrt sich die Linse zunehmend gegen diesen Wechsel von Weit- zu Nahsicht. »Die Linse wächst ein Leben lang«, sagt Gerd U. Auffarth, stellvertretender Direktor der Universitäts-Augenklinik Heidelberg. In dem Gewebe entstehen ständig neue Fasern, die sich wie die Jahresringe eines Baumes in dünnen Schichten übereinanderlegen. Da sie während dieser Zeit jedoch keine alten Fasern abstößt, wird die Linse immer dicker. »Damit wird sie auch härter und unflexibler.« Die Alterssichtigkeit setzt ein.

Schon im 13. Jahrhundert benutzten Mönche »Lesesteine« aus Bergkristall oder Beryll, um im Alter weiterhin lesen zu können – daher der Name der Brille, ursprünglich für zwei aus Beryllen geschliffene Linsen. Die »Lesesteine« hatten eine flache Seite, die man direkt auf die Schrift legte. Die gewölbte Seite vergrößerte einzelne Wörter.

Manch einer ist allerdings schon in jungen Jahren weitsichtig. Die Ursachen dafür sind andere als bei der Alterssichtigkeit. Bei Weitsichtigen ist der Augapfel – gemessen an der Brechkraft von Hornhaut und Linse – zu kurz. Ferne Gegenstände kann man damit zwar noch ganz gut erkennen, nahe Objekte aber nur unscharf, denn der Brennpunkt liegt bei Weitsichtigen hinter der Netzhaut. Konvex geschliffene Brillengläser korrigieren diese Sehschwäche. Sie rücken den Fokus wieder nach vorne auf die Netzhaut.

Warum breitet sich die Grippe im Winter aus?

Ich muss mich immer wieder aufs Neue impfen lassen. Gegen Monokausalitis. Sicher kennen Sie die Krankheit und ihre Symptome: Jemand, der es wissen könnte, beantwortet Ihnen eine Warum-Frage klar und einfach, und Sie geben sich damit zufrieden. So verhält sich das also! Endlich kennen Sie den Grund!

Oder zweifeln Sie immer noch? Gibt es möglicherweise weitere Ursachen? Die vielleicht noch dazu Gegenstand aktueller Forschung sind?

Monokausalitis wird wie die Grippe direkt von Mensch zu Mensch übertragen. Bei der Grippe geschieht dies durch Tröpfcheninfektion. Jemand niest oder hustet Sie hemmungslos an, mit kleinen Feuchtigkeitströpfchen fliegen Viren durch die Luft und finden das nächste Opfer: Sie!

Womit einige Ursachen für die Wintergrippe schon eingekreist wären: Im Winter rücken die Menschen enger zusammen. Sie halten sich drinnen auf, sind eher mit dem Bus als mit dem Fahrrad unterwegs. Das erhöht die Ansteckungsgefahr.

Viren profitieren auch von der winterlichen Heizungsluft. In beheizten Innenräumen trocknen die Schleimhäute schneller aus. Die Eindringlinge werden dann nicht gleich weggeschwemmt, sondern gelangen leichter zu den Schleimhautzellen. Sie dringen ins Innere der Wirtszellen vor und vermehren sich.

Auch die Flimmerhärchen, die durch ihre Bewegungen den in der Nase gebildeten Schleim zum Rachen befördern, sind im Winter nicht so aktiv. »Bei niedriger Temperatur funktioniert die mechanische Abwehr gegen die Erreger nicht mehr so gut«, sagt der Virologe Thorsten Wolff vom Robert Koch-Institut in Berlin. »Die Zellen des Flimmerepithels haben dann eine geringere Bewegungsfähigkeit.«

Obendrein sind wir im Winter generell anfälliger für Erkältungskrankheiten. Dabei kann die veränderte Ernährung eine Rolle spielen, vielleicht sogar der Lichtmangel, wie einige Forscher vermuten, weil dieser zu einer verminderten Produktion von Vitamin D in unserer Haut führt und die Immunabwehr schwächt.

Wahrscheinlich gibt es noch weitere Ursachen dafür, dass die Grippewelle zwischen Dezember und März über die Nordhalbkugel rollt. Wenn bei uns endlich der Sommer einkehrt, setzen die Influenza-Viren auf der Südhalbkugel ihr Treiben fort. Mit ihnen ist nicht zu spaßen: Jeden zehnten bis fünften erwischen sie pro Saison. Alte und kranke Menschen sind ohne Impfung schlecht dagegen gewappnet. Daher fordert schon eine gewöhnliche Grippewelle in Deutschland etwa 10 000 Tote. Im Winter 1995/96 waren es sogar zweimal so viele.

Warum haben Babys mehr Knochen als Erwachsene?

Wir fangen schon im Mutterleib an zu verknöchern. Einige Knochen gehen direkt aus dem embryonalen Bindegewebe hervor. Zum Beispiel das Schlüsselbein. Sein Mittelstück ist unser erster Knochen überhaupt, es entsteht schon am Ende der sechsten Schwangerschaftswoche. Andere Knochen, etwa die langen

Arm- und Beinknochen oder die winzigen Gehörknöchelchen, entwickeln sich nach und nach aus Knorpel. So starten wir zunächst mit vielen knorpeligen Ersatzknochen. Die eigentliche Knochensubstanz, vor allem Kalziumphosphat, bildet sich jedoch erst später.

Bei der Geburt ist unser Skelett an vielen Stellen noch nicht mineralisiert. Der Schädel ist noch formbar. Das ist wichtig, weil der große Kopf des Kindes auf dem Weg durch den Geburtskanal starken Kräften ausgesetzt ist. Das mütterliche Becken ist eng. Die Schädelknochen können sich jedoch gegeneinander verschieben. Zwischen ihnen gibt es unverknöcherte Bereiche, die späteren Schädelnähte. Wo mehrere Knochen aneinanderstoßen, klaffen auch größere Lücken, die sechs Fontanellen. Sie schließen sich erst in den beiden ersten Lebensjahren.

»Knochen bilden sich aus vielen Teilen oder Kernen, die mit der Zeit fusionieren«, sagt Dieter Felsenberg, Leiter des Zentrums für Muskel- und Knochenforschung der Berliner Charité. »Dadurch vermindert sich ihre Zahl.« Von den gut 350 Babyknochen bleiben dem Erwachsenen noch zirka 220. So bestehen die sieben Hals-, zwölf Brust- und fünf Lendenwirbel unserer Wirbelsäule zunächst aus je drei bis fünf Kernen, ehe diese miteinander verschmelzen.

Das Knochenwachstum erfolgt in Etappen. Jungen haben ihre Wachstumsschübe im Alter von zwölf bis 15 Jahren. Dann werden sie unbeholfener, stürzen signifikant häufiger und brechen sich was, weil die Muskeln die größeren Knochen noch nicht so koordiniert bewegen können. Bei pubertierenden Mädchen vermehrt sich die Knochenmasse im Vergleich zu den Jungen um 20 bis 25 Prozent. Sie legen damit ein Depot für ihre fruchtbaren Jahre, eventuelle Schwangerschaften und Stillzeiten an. Der Vorrat wird erst in den Wechseljahren wieder abgebaut. Dann verlieren Frauen zum Teil fünf bis sieben Prozent ihrer Knochenmasse pro Jahr.

Knochen verändern sich ohnehin laufend. Wirken große Muskelkräfte auf sie, bauen sich Knochen auf, bei geringer Belastung verlieren sie ihre Stabilität. Felsenberg zufolge geht ein allzu ruhiges Leben an die Substanz: »Wer seine Muskeln vernachlässigt, vernachlässigt auch seine Knochen.«

Warum kommen Jungs in den Stimmbruch?

Jede Stimme zählt. Jede? Nach deutschem Wahlrecht zählt Ihre Stimme nur, wenn Sie gewisse pubertäre Stimmungsschwankungen bereits hinter sich gelassen haben. Der Gesetzgeber erklärt Sie erst dann für stimmberechtigt, wenn Sie auf der Achterbahn der Gefühle schon Dutzende Male himmelhoch gejauchzt haben und wissen, was es heißt, zu Tode betrübt zu sein. Sollten Sie in Ihrer Entwicklung noch nicht so weit sein, müssen Sie noch mindestens eine Legislaturperiode warten.

Ihr Kehlkopf und Ihre Stimmlippen wachsen in dieser Zeit Millimeter für Millimeter und schwingen immer langsamer. Ihre mittlere Sprechstimmlage sinkt, falls Sie männlichen Geschlechts sind, von 220 Schwingungen pro Sekunde auf etwa 110 Hertz. Sie singen nun eine ganze Oktave tiefer. Falls Sie dagegen weiblichen Geschlechts sind, ist es nur eine Terz oder eine Quart tiefer.

Die Stimme verändert sich vor allem während der Pubertät. Wie die Saiten eines Musikinstruments sind unsere Stimmlippen in den Kehlkopf eingespannt. Dessen Wachstum hat hormonelle Ursachen. Es wird von dem männlichen Sexualhormon Testosteron angestoßen, das in geringerem Maße auch im weiblichen Körper entsteht. Jungen produzieren in der Pubertät vermehrt Testosteron in ihren Hoden. Das Hormon gelangt ins Blut, stimuliert das Wachstum der Scham- und Barthaare und findet den Weg zu speziellen Rezeptoren im Kehlkopf, der nun ebenfalls größer wird.

Das dabei neu gebildete, junge Gewebe ist empfindlich und leicht gerötet. »Die Stimmlippen können nun vorübergehend nicht mehr so gut schwingen wie zuvor«, sagt Michael Fuchs von der Abteilung für Stimm-, Sprach- und Hörstörungen der HNO-Klinik der Universität Leipzig. »Außerdem müssen die Nerven, die die Kehlkopfmuskeln steuern, nachwachsen und sich neu einstellen.«

Die Anpassung an das größere Stimmvolumen dauert eine Weile. Die Stimme klingt zunächst heiser, manchmal rutscht sie sogar unwillkürlich vom Brustregister ins Falsettregister. Dann schwingen nur noch die Randkanten der Stimmlippen, die Stimme erreicht ungeahnte Höhen. Pubertierende Jungen leiden manchmal unter dem Stimmbruch. Vor allem, wenn sie in Knabenchören singen. Denn dann müssen sie erst einmal für eine Weile aus dem Chor ausscheiden.

Warum – Hicks! ...?

Es fängt schon im Mutterleib an, im zarten Alter von zwei Monaten, wenn der Fötus beginnt, sich mit Atemübungen auf das Leben da draußen vorzubereiten. Sein Zwerchfell zieht sich reflexartig zusammen, die Atemmuskulatur kommt in Gang. Dabei verschließt sich jedes Mal die Luftröhre.

Vielleicht ist der Schluckauf, den wir manchmal bekommen, wenn wir ein kaltes Bier trinken oder hastig essen, ein Überbleibsel aus dieser pränatalen Trainingsphase. Zu dieser umstrittenen Hypothese passt jedenfalls die Beobachtung, dass Kleinkinder etwa dreitausendmal häufiger hicksen als Erwachsene.

Ursächlich für den Schluckauf sind auch beim Erwachsenen unwillkürliche Kontraktionen des Zwerchfells. Dieser Muskel trennt den Bauchraum vom darüberliegenden Brustraum. Er ist in den Brustraum hinein gewölbt. Beim gewohnten Einatmen zieht sich das Zwerchfell zusammen, die Kuppel flacht ab und der Brustraum vergrößert sich. Gleichzeitig entsteht ein Unterdruck in der Lunge. Durch die Luftröhre wird nun Luft angesaugt, ähnlich wie man mit einer Spritze ein Medikament einsaugt, indem man das Volumen vergrößert. Beim anschließenden Ausatmen entspannt sich das Zwerchfell wieder.

Doch plötzlich: »Hicks!« Es ist der Zwerchfellnerv, der die Kontraktionen beim Schluckauf auslöst. Wenn dieser »Nervus phrenicus« gereizt wird, zieht sich das Zwerchfell kurz zusammen. Schon eine 30stel Sekunde nach diesem Einatmen schließt sich das Ventil am oberen Ende der Luftröhre und die angesaugte Luft prallt auf den heruntergeklappten Kehlkopfdeckel, der einen hörbaren »Hicks!« zurückwirft.

»Schluckauf ist meist gutartig«, sagt Andreas Sturm, Internist am Berliner Virchow-Klinikum. Rasche Temperaturwechsel, Verdauungsstörungen, Ärger oder Freude können den »Nervus phrenicus« zwar kurzzeitig anregen, doch ein solcher Schluckauf ist nicht von Dauer. Oft reicht eine Reizung des vegetativen Nervensystems, zum Beispiel ein altes Hausmittel wie ein Glas kaltes Wasser, um ihn zu beenden. »In seltenen Fällen hat der Schluckauf aber organische Ursachen.« So kann eine Entzündung oder Geschwulst in der Lunge auf den Nerv drücken und den Körper permanent in Aufruhr versetzen. Immerhin einige Hundert Menschen in Deutschland sind wegen eines solchen Dauerschluckaufs in ärztlicher Behandlung.

Warum gibt es weiße Punkte auf den Fingernägeln?

Schimpansen lieben es, sich gegenseitig zu kraulen und nach Parasiten abzusuchen. Stundenlang. Auch wir striegeln einander Nacken und Mähne, um uns zu besänftigen und zu liebkosen. Manchmal suchen wir den Partner wie groomende Affen nach Zecken, nach Mitessern oder ungeliebten Härchen ab. In Beziehungen, die die Nagelprobe bestanden haben, wird gestreichelt, gekratzt und gezupft.

Wer als Mann bei alledem die Bedeutung gepflegter Fingernägel unterschätzt und meint, er habe an den Fingerenden nur Knabberstoff und abgestorbenes Gewebe, bekommt schnell den schwarzen Peter zugeschoben. Zumal Haut und Nägel als Spiegel der Seele gelten. Frauen nehmen die Nagelpflege ernster. Sie schneiden und feilen, manchmal schieben sie auch die Nagelhaut zurück, um den Halbmond sichtbar zu machen. Bereits ein kleiner weißer Fleck auf einem ansonsten makellosen Nagel kann ihre Stimmung trüben. Woher kommen die winzigen Pünktchen?

Nägel ähneln Schieferplatten. Sie bestehen aus übereinanderliegenden Schichten verhornter Zellen. In der Wachstumszone, der Nagelmatrix, kommen ständig Zellen hinzu, so viele, dass der Nagel pro Woche bis zu einen Millimeter länger wird. Er schiebt sich über ein von feinen Blutgefäßen durchzogenes Bett. Drückt man darauf, wird das Blut aus den Gefäßen gepresst, der Nagel erscheint weiß.

Der Halbmond ist der gerade noch sichtbare Teil der Wachstumszone, am besten zu erkennen am Daumennagel. Bei den anderen Fingern verdeckt der Nagelwall, die Hauterhebung rund um den Nagel, die helle Sichel weitgehend. Dieses Häutchen dichtet die Wachstumszone ab. Wenn man es unsachgemäß zurückschiebt oder stutzt, kann es zu Infektionen kommen.

Auch die weißen Flecken, die bisweilen auf dem Halbmond auftauchen und dann mit dem Nagel hinauswachsen, sind nicht etwa eine Folge von Kalzium-, Zink- oder Vitaminmangel. »Meistens handelt es sich dabei um kleine Verletzungen der Nagelmatrix«, sagt Gabriele Ginter-Hanselmayer, Dermatologin an der Uniklinik Graz. Sie entstehen zum Beispiel durch übertriebenen Eifer bei der Nagelpflege oder durch Lufteinschlüsse in die Nagelplatte. »Dann erscheint sie opak.«

Die Anfälligkeit für die Pünktchen scheint erblich zu sein. Oft verschwinden die Flecken aber schon wieder, bevor sie mit dem nach außen hin dicker werdenden Nagel den Rand erreichen. An Zehennägeln sieht man sie kaum. Die sind allerdings besser geschützt, wachsen langsamer und werden sichtlich dicker.

Warum klopft das Herz?

Tag für Tag schlägt unser Herz mehr als hunderttausendmal. Auch wenn »Sonntag ist, ein Tag der Ruhe, hält der Verkehr unter den Rippen an wie sonst an den Wochentagen«, schreibt die polnische Dichterin Wislawa Szymborska. Jede Muskelbewegung des Herzens sei »wie ein Anstoß des Bootes ins offene Meer«.

Wer den Kopf auf die Brust eines anderen legt, kann hören, wie das Boot ablegt. Es verlässt eine Schleuse. Und deren Tore, die Herzklappen, schließen nicht lautlos hinter dem ausströmenden Blut. Sie machen Geräusche.

Unser Blutkreislauf ist in einen Lungen- und einen Körperkreislauf unterteilt. Wir haben zwei separate Herzkammern. Die rechte Kammer – Klappe auf – pumpt das Blut über die Lungenarterie zur Lunge. Klappe zu. In der Lunge verästeln sich die Blutgefäße. An feinen Lungenbläschen reichert sich das Blut mit frischem Sauerstoff aus der Luft an. Es fließt weiter zum linken Vorhof und aus diesem Sammelbecken – Klappe auf – in die linke Herzkammer. Klappe zu.

Hier beginnt ein zweiter Kreislauf. Er stellt die Versorgung unseres Körpers sicher. Klappe auf – über die Aorta – Klappe zu – gelangt das Blut nun zu sämtlichen Organen. Dort gibt es Sauerstoff ab und strömt zurück zum rechten Vorhof. Dieser ist mit der rechten Kammer verbunden, dem Ausgangspunkt für den nächsten Umlauf.

»Das Schließen der Klappen erzeugt Töne«, sagt der Kardiologe Hans Lehmkuhl vom Deutschen Herzzentrum in Berlin. Die Klappen bestehen aus mehreren Segeln. Fallen sie zu, streifen die reißfesten Segel mit Tempo aneinander vorbei. »Dabei werden Schwingungen erzeugt, die als Schallwellen wahrnehmbar sind.«

Vorgegeben wird der Rhythmus durch Kontraktionen des schraubenförmigen Herzmuskels. Siebzigmal pro Minute zieht er die beiden Kammern zusammen und drückt das Blut in Lungenarterie und Aorta. Entspannt er wieder, vergrößert sich das Volumen der Kammern. Sie beginnen zu saugen, die Klappen zu den Arterien schließen sich, und es entsteht ein Herzton. Gleichzeitig entleeren sich die beiden Vorhöfe, kontrahieren und füllen die Herzkammern so lange auf, bis die Segelklappen wieder dicht machen. Auch deren Schließen wird von einem Herzton begleitet.

Man kann die Herztöne selbst nicht hören. Das nur faustgroße Herz liegt zu tief. Beim Herzklopfen infolge körperlicher oder psychischer Belastung spürt man den eigenen Herzschlag allerdings. Plötzlich ist mehr Blut in Umlauf, die Kammern werden überdehnt und drücken auf die Brust. Es pocht unter den Rippen. Aber nur wer künstliche Herzklappen trägt, kann sein Herz tatsächlich hören. Die machen klick-klick.

Warum bekommen wir Sodbrennen?

Ups! So ist das bei mir oft nach einem Weizenbier. Die Kohlensäure macht aus meinem Magen einen Ballon. Gase sammeln sich darin, der Druck steigt, bis sich das Ventil zwischen Magen und Speiseröhre öffnet.

Ein Bäuerchen ist harmlos. Regelmäßiges Sodbrennen dagegen nicht. Wer darunter leidet, hat möglicherweise eine chronische Verschlussschwäche, die nicht nur Gase, sondern auch Mageninhalt in die Speiseröhre gelangen lässt. Und der ist ätzend.

Unsere Speiseröhre pumpt die Nahrung nach dem Schlucken zum Magen hinunter. »Am Übergang vom Brust- zum Bauchraum befindet sich ein Schlitz im Zwerchfell, durch den die Speiseröhre hindurchtritt«, sagt Bertram Wiedenmann, Direktor der Medizinischen Klinik mit Schwerpunkt Hepatologie und Gastroenterologie der Berliner Charité. »Der Schlitz wird von zwei dicken Muskeln, den Zwerchfellschenkeln, offen gehalten.« Dahinter liegt die Speiseröhrenschließmuskulatur. Sie lässt das Essen im Normalfall nur in eine Richtung durchrutschen.

Die Verschlusskraft dieses Ventils kann mit dem Alter nachlassen. Bei manchen Menschen klafft der Schlitz im Zwerchfell aber bereits von Geburt an zu weit auseinander. Die Funktion der Schließmuskulatur ist dann auf Dauer überfordert, in einigen Fällen verlagert sich sogar ein Teil des Magens in den Brustraum hinein.

Fließt der Nahrungsbrei aus solchen Gründen aus dem Magen in die Speiseröhre zurück, spürt man ein Brennen. Denn die Magensäure enthält Salzsäure. Damit wird der Speisebrei weitgehend keimfrei gemacht, ehe er den Darm passiert. Während der Magen unentwegt Schleim produziert und sich so vor einer Selbstverdauung schützt, haben die obersten Zellschichten der Speiseröhre der aggressiven Magensäure kaum etwas entgegenzusetzen. Die Speiseröhre wird zur Hotline. Sie entzündet sich, bei häufigem und längerem Sodbrennen bilden sich ernst zu nehmende Geschwüre.

Nachts, wenn wir liegen, steigen Magen- oder Gallensäure noch leichter nach oben. Sie können nun nicht nur in den Rachen, sondern über die Luftröhre bis in die Bronchien vordringen, Heiserkeit oder Asthma hervorrufen. Betroffen ist manchmal damit geholfen, dass sie den Kopf nachts höher legen. Vor allem sollten sie kein Öl ins Feuer gießen und sich entsprechend ernähren. Alkoholische oder saure Getränke auf nüchternen Magen oder ein opulentes Mahl kurz vor dem Schlafengehen sind tunlichst zu vermeiden. Weizenbier – ups! – ist jedenfalls kein guter Schlummertrunk, wenn man regelmäßig Sodbrennen hat.

Warum knurrt der Magen?

Unter Stress vergisst man das Essen schon mal. Bei Langeweile aber kann jedes Magenknurren ein willkommener Anlass dazu sein, den Kühlschrank oder die Keksdose zu öffnen. Dabei ist Magenknurren meist gar kein Anzeichen für Hunger.

Unser Verdauungstrakt gibt in gewissen Zeitabständen Geräusche von sich, wenn er besonders rührig ist. Er braucht hin und wieder eine gründliche Reinigung. »Drei bis vier Stunden nach einer Mahlzeit beginnt im Darm eine Phase ausgeprägter Aktivität«, sagt Hubert Mönnikes, Chefarzt der Abteilung für Innere Medizin des Berliner Martin-Luther-Krankenhauses. Über einige Minuten hinweg zieht die Muskulatur unseren Verdauungstrakt immer wieder kräftig zusammen. »Diese Kontraktionen beginnen im unteren Magen und laufen wie eine Welle durch den Dünndarm bis hinunter zum Eingang des Dickdarms.« Der etwa sechs Meter lange Dünndarm wird dabei von oben nach unten durchgeknetet und befreit sich von noch nicht verdauten Nahrungsbestandteilen. Da die rhythmischen Kontraktionen Flüssigkeit und Luft durch den Verdauungstrakt pressen, kommt es währenddessen zu hörbaren Geräuschen.

Hungergefühle werden weder durch diesen »migrierenden Motorkomplex« noch durch sonstiges Magenknurren ausgelöst. Die Verdauung reklamiert den Nachfüllbedarf auf andere Weise. Vor allem durch eine breite Palette an Hormonen.

Es gibt regelrechte Heißhunger-Hormone wie den erst 1999 entdeckten Botenstoff Ghrelin, der vom Magen aus in den Blutkreislauf eingeschleust wird und die Botschaft vermittelt: Magen leer, bitte essen! In ähnlicher Weise überwacht der Körper den Blutzuckerspiegel über das Hormon Insulin, das den Hunger dämpft. Das Hormon Leptin gibt unterdessen Auskunft über den Langzeitvorrat unserer Fettzellen.

Das Gehirn steht noch über viele weitere Kuriere in ständigem Kontakt mit der Verdauung. Manchmal jedoch helfen all ihre Signale nichts. Sie werden von äußeren Einflüssen überlagert. Bei hoher Arbeitsbelastung oder in Anwesenheit attraktiver, potenzieller Partner lässt der Hunger zum Beispiel nach. Die Großmutter dagegen überlistet alle Sättigungsmelder, indem sie am Festtag nach dem herzhaften Braten noch einen selbst gebackenen Kuchen serviert. Dann hören Kinder und Enkelkinder auf keine PYY- oder sonstigen Hormone mehr, sondern lassen es sich einfach gut gehen.

Warum kriegt man Seitenstechen?

Wer in der Schule nie sitzengeblieben ist, läuft stattdessen Gefahr, seine Berufsjahre aussitzen zu müssen: am Schreibtisch. Bewegung muss er sich dann anderweitig verschaffen. Aber beim Joggen geht dem typischen Büromenschen schnell die Puste aus. Er macht kurze, unregelmäßige Atemzüge, braucht viel Luft und kriegt früh Seitenstechen. Selbst wenn's an Kampfgeist und roten Muskelfasern nicht mangelt, hilft ihm beim Laufen oft nur eins: das Tempo zu drosseln.

Das freut vor allem das Zwerchfell. Es hat bei der Atmung die meiste Muskelarbeit zu leisten. Genauso wie unser Herz ist das Zwerchfell das ganze Leben lang aktiv. Wie ein Kolben bewegt es sich zwischen Brusthöhle und Bauchraum auf und ab. Beim ruhigen Einatmen zieht es sich zusammen und sinkt wenige Zentimeter, während gleichzeitig die Zwischenrippenmuskeln den Brustkorb heben. Dadurch vergrößert sich der Brustraum und saugt frische Atemluft an. Je tiefer wir Luft holen, umso weiter sinkt das Zwerchfell.

Besonders ökonomisch atmen wir bei mittlerer körperlicher Belastung. Dann brauchen wir am wenigsten Luft, um dem Blut Sauerstoff zuzuführen. »Bei hoher Belastung wird die Atmung jedoch zunehmend ineffizient«, sagt Hans-Georg Predel, Leiter des Instituts für Sportmedizin an der Deutschen Sporthochschule Köln. »Die benötigte Menge Atemluft steigt dann überproportional an.« Das bedeutet Mehrarbeit fürs Zwerchfell.

Diese Überbelastung steht genauso im Verdacht, Seitenstechen zu verursachen wie eine Unterversorgung der Atemmuskulatur mit Blut. Ein strapaziertes Zwerchfell benötigt nämlich selbst jede Menge Sauerstoff. Auf diesen Bedarf reagiert der Körper mitunter nicht schnell genug, denn beim schnellen Laufen werden zunächst die Beinmuskeln mit mehr Blut versorgt.

Zwischenspurts sind besonders belastend. Durch ein gleichmäßiges, tiefes Atmen lassen sich Seitenstiche dagegen am ehesten vermeiden. Wer beim Ausdauertraining sein Atemvolumen vergrößert, fördert den Sauerstoffaustausch in der Lunge. Eine Erhöhung der Atemfrequenz bringt dagegen wenig, weil die Luft in der Lunge dabei schlechter durchmischt wird. Empfohlen wird auch, vor dem Sport nicht übermäßig zu essen, damit die Verdauungsorgane die Bewegung des Zwerchfells nicht behindern.

Dass sich die Überanstrengung ausgerechnet in der Seite durch Stiche bemerkbar macht, könnte mit der sensorischen Nervenversorgung des Zwerchfells zusammenhängen, meint Predel. »Sie wird an ganz bestimmten Punkten verschaltet.« Und die liegen etwa in Höhe unserer Flanken.

Warum brennt Chili am Po?

Manche mögen's heiß: Jalapeño und Tabasco, Cayenne und Thai, Chilisorten, die höllisch scharf sind. Sie treiben uns den Schweiß aus allen Poren und kleine Tröpfchen auf Oberlippe und Nasenlippenfalte.

Das Schwitzen bei einem schönen Essen ist eine ganz normale Sache. Jede Nahrungszufuhr erhöht die Körpertemperatur, macht Darm und Leber, wo die Energie umgesetzt wird, zu kleinen Heizkörpern. Um die innere Temperatur trotzdem möglichst konstant bei 37 Grad zu halten, versucht der Körper, die beim Stoffwechsel produzierte Wärme effizient abzugeben. Unsere Hautdurchblutung steigt, wir beginnen zu schwitzen.

Dieses gewöhnliche »gustatorische Schwitzen« wird schon bei der Nahrungsaufnahme vorbereitet. Auf der Zunge und im Mund reagieren die Geschmackspapillen und andere Rezeptoren auf alle intensiv süß oder sauer, salzig oder bitter schmeckenden Speisen. Auch auf heiße Getränke. Sie leiten die entsprechenden Informationen über Nerven ans Gehirn weiter, dahin, wo die Zentrale für die Regulation der Körperwärme sitzt. Der Hypothalamus kurbelt die Wärmeabgabe sogleich an.

Besonders stark schwitzen wir bei scharfem Essen. Ursächlich dafür sind in Pfeffer und Chili enthaltene Stoffe, insbesondere das Capsaicin. Diesen Scharfmacher nehmen wir allerdings gar nicht über die Geschmackspapillen der Zunge wahr, sondern nur über feine Nervenenden in der Mundhöhle, die Nozizeptoren, mit denen wir eigentlich Schmerzreize erkennen.

»Das Capsaicin erregt über 80 Prozent aller Nozizeptoren«, sagt Peter Reeh, Physiologe an der Universität Erlangen. »Und ausschließlich sie.« Die Capsaicinmoleküle passen darauf wie ein Schlüssel ins Schloss. Die Schmerzrezeptoren werden angeworfen und melden fälschlicherweise Hitze.

Eine klassische Fehlschaltung. Schon vor Jahrmillionen hätten sich die Chilischoten auf diese Weise dagegen gewappnet, von Säugetieren gegessen zu werden. Andere Substanzen, etwa Menthol, erreichen nur die Kälterezeptoren der Haut. Die aber sind längst nicht so zahlreich wie die Schmerzrezeptoren.

Weil freie Nervenenden nahezu überall im Körper anzutreffen sind, brennt Chili nicht nur auf der Zunge, sondern auch in den Augen und manchmal im Darm. Wir bekommen es selbst dann noch zu spüren, wenn das Capsaicin den Körper wieder verlässt. Es brennt am Po. Denn dort ist unsere Haut nicht verhornt. Dünne Wände, heißes Ende.

Warum haben Babys O-Beine?

Drollig, wenn Kleinkinder zu laufen beginnen. Mit O-Beinen und nach außen gestellten Füßen suchen sie den sicheren Stand und machen in Charlie-Chaplin-Manier ihre ersten Gehversuche. Ein paar Jahre später fallen dieselben Kinder durch X-Beine auf, ehe sie schließlich zu einer gestreckten Haltung finden, in der Hüft-, Knie- und Sprunggelenke in lotrechter Linie übereinanderliegen. Wenn alles gut geht!

Die O-Bein-Stellung hat ihren Ursprung im Mutterleib. Dort herrscht gewöhnlich Platzmangel. Der Fötus muss seine Lage der kugeligen Form der Gebärmutter anpassen.

»Die Beinchen legen sich in den letzten Schwangerschaftsmonaten über Kreuz an der Gebärmutterwand an«, sagt Fritz-Uwe Niethard, Direktor der Orthopädischen Universitätsklinik der RWTH Aachen. »Sie werden in der normalen Kindslage vor dem Bauch verschränkt.« Wie beim Schneidersitz.

Nach der Geburt strampelt sich das Kind frei, aber seine Lage ändert sich nicht wesentlich. Es bleibt auf den Schutz der Mutter angewiesen. Während ein Elefant schon ein paar Stunden nach der Geburt mit der Herde läuft, wird der Mensch zu früh geboren, um gleich die ersten Schritte machen zu können.

Knochen, Bänder und Muskulatur sind längst noch nicht so weit. Der Säugling muss erst lernen, sich vom Rücken auf den Bauch zu rollen, zu krabbeln, zu sitzen und dabei Rumpf und Kopf über dem Becken auszurichten, bevor er sich irgendwann an einem Möbelstück hochziehen und versuchen kann, stehend das Gleichgewicht zu halten.

Das ist in Anbetracht des kindlichen Körperbaus ein ziemlicher Balanceakt. Der Kopf ist groß, die Beine sind kurz, der Bauch steht vor, der Po hinten raus, die Wirbelsäule kann noch nicht richtig schwingen. Breitbeinig und tapsig setzt das Kleinkind seine nach außen gedrehten Füße mit der ganzen Fläche auf. Mangels Standsicherheit rennt es anfangs mehr als zu gehen. Das Becken ist noch nach vorne gekippt, langes Laufen daher ermüdend.

Dieses Gangmuster ändert sich in komplizierter Weise. Während der langsamen Aufrichtung des Beckens und der Hüftgelenke dreht sich die gesamte Beinachse. Die Spurbreite verringert sich, die Knie wandern nach innen, aus der O-Bein-Stellung werden X-Beine.

Auch das in der Regel nur vorübergehend. Es sei denn, das Kind hat im Vorschul- und frühen Schulalter schon so viel Übergewicht, dass es aus der X-Haltung nicht mehr in die Höhe kommt.

Warum leiden häufiger Frauen an Krampfadern?

Der Sommer wirft ein neues Licht auf die Beine der Frau. Die Kleider sind luftig, die Haut ist manchmal bis hinunter zu den Füßen gebräunt, oft glatt und rasiert. Nur hier und da kommt etwas Unerwünschtes zum Vorschein: kleine, sich verzweigende Blutgefäße. »Ist doch alles halb so …«, »Ihr habt gut reden! Ihr Männer habt damit keine Probleme!«

Tatsächlich klagen nur wenige Männer über Besenreiser und Krampfadern. Das zeugt vor allem von einer gewissen Nachlässigkeit. Männer laufen nicht in dem Bewusstsein am Strand entlang, ihre Beine zur Schau zu stellen. Sie sind zudem weniger gesundheitsbewusst. Dabei haben auch sie keinen leichten Stand.

Beim Wechsel vom Liegen zum Stehen sackt etwa ein halber Liter Blut in die Beine. Während der Druck in Kopf- und Halsvenen sinkt, steigt er in den Beinvenen an. Eine körperhohe Flüssigkeitssäule lastet auf den Gefäßen, weshalb die Venen an den Füßen stärker sein müssen als an den Händen. Sie haben dickere Wände.

Damit das Blut entgegen der Schwerkraft den weiten Weg zum Herzen zurücklegen kann, haben die Venen Klappen. Ihre jeweils zwei Segel öffnen und schließen sich. Solange sie gut arbeiten, verhindern sie einen Rückstrom des Bluts.

Bei einer erblich bedingten Venenschwäche können die Klappen jedoch undicht werden; bei mangelnder Bewegung, bei langem Stehen und Sitzen fehlt ihnen die nötige muskuläre Unterstützung für den Bluttransport. Statt von den oberflächlichen Venen in tiefere Blutgefäße und von dort aus zum Herzen zurückzufließen, staut sich das Blut. Die Venenwände werden überdehnt, die Gefäße sacken aus.

Krampfadern verursachen meist keine Beschwerden. Sie sind eigentlich eine Alterserkrankung. »Frauen und Männer sind etwa gleich oft davon betroffen«, sagt Felizitas Pannier-Fischer, Venenexpertin an der Dermatologischen Uniklinik Bonn. Nur zwischen Mitte 30 und Anfang 50 treten Venenleiden bei Frauen häufiger auf.

»Eine Ursache dafür könnten Schwangerschaften sein.« Die vermehrte Ausschüttung von Östrogenen macht das Bindegewebe weicher und damit auch die Venen. Sie sind dann weniger elastisch, erweitern sich eher und werden stellenweise als spinnenförmige Netze oder als »richtige«, knotige Krampfadern mit Klappendefekt sichtbar. Bewegung und Wechselduschen mit kaltem und warmem Wasser können helfen, diese Entwicklung einzudämmen und den Blutkreislauf wieder besser in Schwung zu bringen.

Warum wächst ein Überbein am großen Zeh?

Zwei Beine. Das ist nicht viel. Aus Sicht der Evolutionsbiologie eine abgespeckte Version des Landgängers. Ob Käfer, Spinnen oder Haustiere, sie alle sind breiter aufgestellt als wir.

Die Minimalausstattung verlangt unseren Füßen einiges ab. Sie stehen ständig unter Druck. Die Last des Körpers verteilt sich über jeweils 26 Knochen auf Vorfuß und Ferse, auf Innen- und Außenseite. Mehr als zwei Dutzend Muskeln und über 100 Sehnen und Bänder verspannen das federnde Längs- und Quergewölbe. Zusätzlich dämpft die natürliche Polsterung des Fußes die Stöße beim Gehen.

Der Fuß ist ein architektonisches Wunderwerk. Bei zu großer Belastung sinkt sein Gewölbe jedoch ein. Platt-, Senk- und Spreizfüße sind manchmal erblich bedingt. Oft aber kommt es durch falsches Schuhwerk zu solchen Deformationen oder wenn man als Verkäuferin oder Kellner viele Stunden am Tag stehen muss.

Frauen leiden häufiger darunter, sich die Füße in den Bauch zu stehen. »Ihr Bindegewebe ist häufig schwächer«, sagt Stephan von Ruediger, orthopädischer Chirurg und Vorstandsmitglied der Gesellschaft für Fußchirurgie. »Es hält das Fußgewölbe nicht ausreichend zusammen.« Die Schuhmode tut das ihre dazu. Je höher die Absätze, umso stärker wird der Vorfuß belastet. Infolgedessen sinkt das Quergewölbe eher ein, die Mittelfußknochen werden auseinandergedrückt, der Fuß spreizt sich. »Ein Spreizfuß ist die häufigste Ursache für einen Ballen am Großzeh.«

Beim Ballen, im Volksmund »Überbein« und von Medizinern »Hallux valgus« genannt, handelt es sich nicht um zusätzliches Knochenwachstum, sondern um eine zunehmende X-Stellung der Großzehe. Durch den Spreizfuß ändert sich die Zugrichtung der Sehnen. Die große Zehe wird nun wie ein Flitzebogen gespannt, weil die entsprechende Sehne nicht mehr geradewegs über das Zehenglied und ihr Grundgelenk führt, sondern daran vorbei. Der Prozess verstärkt sich wie von selbst. In vorne zu engen Schuhen wird die X-Stellung extrem.

Während die große Zehe abknickt, kippt an ihrem hinteren Ende das Köpfchen des Mittelfußknochens aus dem Gelenk. Es tritt zusehends hervor. Eine Druckstelle auf der Innenseite des Fußes ist oft das erste spürbare Anzeichen für ein Überbein. Entzündet sich der Schleimbeutel über dem Knochenköpfchen, nimmt der Schmerz zu. Der entstellte Fuß rollt beim Gehen nicht mehr richtig ab. Die Beschwerden können sich über Sprung-, Kniegelenk und Hüfte bis in die Wirbelsäule fortsetzen.

Haushaltshilfe

Warum tropft die Kanne?

Kaffeekochen ist nichts für Praktikanten. Jedenfalls nicht in der Wissenschaftsredaktion einer Zeitung. Hier dosiert der Chef persönlich, wie viele lösliche Bestandteile in die Kaffeemehl-Wasser-Suspension eingehen. Er überwacht das Konzentrationsgefälle zwischen dem nachlaufenden Wasser und dem Kaffeesatz und hält die Tasse griffbereit, damit sich beim Fest-flüssig-Trennprozess durch den Filter die Aromastoffe nicht zu schnell verflüchtigen. Nur mit dem Einschenken hat er Probleme: Die Kanne tropft.

Solche Kannen gibt es leider immer noch. Sie wehren sich erfolgreich gegen das Gesetz der Schwerkraft. Das schreibt der Flüssigkeit den direkten Weg nach unten vor, sobald die Kante einmal überschritten ist. Stattdessen teilt sich der Kaffeefluss an der Tülle in zwei Ströme, von denen einer an der Unterkante des Schnabels entlangläuft, danach an der Außenwand nach unten kriecht und nicht in die Tasse tropft, sondern auf den gerade geschriebenen Brief.

An einer scharfen Kante, wie man sie bei aufgesetzten Flaschenausgießern zum Beispiel in Bars verwendet, passiert so etwas nicht. Hier fließt die Flüssigkeit in der Regel gleichmäßig und reißt beim Absetzen der Flasche sofort ab. Tropfenfrei.

Porzellankannen haben naturgemäß keinen scharfen Rand. Außerdem ist ihre keramische Oberfläche Wasser liebend. »Ihre Glasur ist ein Silikat mit vielen Ionenbindungen«, sagt Manfred Hampe, Leiter des Fachgebiets Thermische Verfahrenstechnik an der Technischen Universität Darmstadt. Es gibt winzige positiv und negativ geladene Abschnitte in der Oberfläche. Sie ziehen Wassermoleküle an, die ihrerseits eine positiv und eine negativ geladene Seite haben. »Eine solche Oberfläche wird gerne benetzt.« Dieser Attraktion folgend, wandert ein Teil des Kaffees an der Wand entlang nach unten.

Um Abhilfe zu schaffen, könnte man den Schnabel mit einem

anderen Material beschichten und so eine Wasser abstoßende Oberfläche schaffen.»Auch durch eine geschickte Formgebung kann man erreichen, dass die Strömung an der Tülle besser abreißt.« Doch selbst mit den mathematischen Methoden der Strömungsforschung sind der Ausgießvorgang und die ideale Form des Schnabels schwer zu berechnen. Ein Laie kann einer Kanne nicht ansehen, ob sie richtig gebaut ist. Ihm hilft nur der Test. Notfalls muss der Praktikant eine neue Kanne kaufen.

Warum macht Kaffee ringförmige Flecken?

Um den Tisch sauber zu halten, spannte man zu Großmutters Zeiten ein kleines Schaumstoffröllchen unter den Schnabel der Kaffeekanne. Der Tropfenfänger kam bei jedem Kaffeekränzchen zum Einsatz. In modernen Bürogemeinschaften hat er sich nicht durchsetzen können. Denn die Effizienz vieler Schreibtischtäter hat mitunter autoaggressive Züge: »Wir sind hier kein Kaffeekränzchen!« Die Tassen sind zwar immer voll, aber den Kaffee trinkt man nebenbei. Dementsprechend sehen die Schreibtische aus.

Kaffeekleckse sind nicht gleichmäßig gefärbt. Bei genauerem Hinsehen erkennt man kleine Ringe: Kaffeekränzchen eben, innen hell und mit einem dunklen äußeren Rand. Wenn Kaffee auf den Tisch läuft, bildet sich zunächst ein Tropfen. Er entsteht durch anziehende Kräfte zwischen den Wassermolekülen. Anstatt sich über die gesamte Unterlage zu verteilen, halten die Moleküle lieber zusammen. Diese Oberflächenspannung verleiht der Flüssigkeit die typische Tropfenform.

Der Kaffeetropfen haftet gleichzeitig an der Unterlage. Sie kann an unterschiedlichen Stellen verschieden rau sein und den Flüssigkeitsmolekülen chemisch anders geartete Ankerplätze bieten. Der zunächst flexible Tropfen sucht sich eine energetisch günstige Lage. Dort bleibt er liegen, während das Wasser langsam zu verdunsten beginnt. Gerade so, als wäre er festgepinnt.

Die Flüssigkeit verdunstet in der Folgezeit zwar auf der gesamten Tropfenoberfläche. »Aber da der Rand fest ist, zieht sich der Tropfen beim Verdunsten nicht gleichmäßig zusammen«, sagt Hans Riegler vom Max-Planck-Institut für Kolloid- und Grenzflächenforschung in Golm bei Potsdam. Das Festhalten an der Peripherie bedingt, dass das, was am Rand an Flüssigkeit verdunstet, aus der Tropfenmitte nachgeliefert werden muss. »Es gibt einen Nettofluss innerhalb des Tropfens zum Rand hin, während der Tropfen immer flacher wird.«

Mit diesem Strom wandern auch die in der Flüssigkeit gelösten Farbstoffe des Kaffees nach außen. Die Folge: Die Farbstoffkonzentration am Rand steigt. Wenn das Wasser schließlich komplett verdunstet ist, bleiben die Farbstoffe als brauner Ring zurück.

Warum pieksen wir das Ei an?

Das Hühnerei ist ein mütterliches Carepaket aus Eiweiß und Dotter. Die Verpackung besteht aus einer glänzenden Oberhaut, einer 0,2 bis 0,4 Millimeter dünnen Kalkschale und einer Schalenhaut. Die vielen Schichten schirmen das Küken gegen Feuchtigkeitsverlust, Fäulniserreger und Kälte ab, lassen aber Luft durch feine Poren rein und raus. Eine raffinierte Schöpfung von Mutter Natur.

Nun erwacht der Mensch, holt das Ei aus dem Kühlschrank, sticht mit einer Nadel hinein, wirft es in 100 Grad heißes Wasser und schreckt es nach dem Kochen ab. Eiskalt. Ist dieses Verhalten irgendwie zu begründen?

In den Augen der Wissenschaft: Ja!

Fangen wir mit dem Pieksen an. Am flachen Ende befindet sich zwischen Schalenhaut und Eiweiß eine Luftblase. Das Anpieksen ist aber nicht etwa deswegen sinnvoll, weil sich die Luft in der Blase sonst erwärmen, ausdehnen und die Schale zum Platzen bringen würde. Die Luft kann auch durch die Poren entweichen.

Eierschalen bestehen aus Kalkspatkristallen. Legen wir das Ei ins kochende Wasser, bauen sich durch die Temperaturänderung

Spannungen in der Kristallstruktur auf. Ein absichtliches Loch bringt Entlastung. »Die Eischale als Ganzes bricht dann nicht mehr so leicht«, sagt Werner Gruber, Experimentalphysiker an der Universität Wien. Denn beim Anpieksen entstehen Haarrisse. »Sie unterteilen die Schale in mehrere Platten.« Diese können sich auf den elastischen Eihäuten bewegen wie die Platten der Erdkruste auf dem Erdmantel. Mit dem Anpieksen beschädigen wir die Schale gezielt, damit später keine größeren Verletzungen mehr auftreten. Und wir stechen an der flachen Seite in den Hohlraum, weil sonst Eiklar auslaufen könnte.

Warum aber legen wir das Ei in kochendes Wasser? Ließe sich durch einen Kaltstart mit weniger abruptem Temperatursprung nicht auch so mancher Eisprung vermeiden?

Eierkochen ist nicht ohne. Wer ein weiches Ei bevorzugt, muss den Zeitraum abpassen, in dem das Eiweiß bereits eine Temperatur von etwa 85 Grad Celsius erreicht hat, von außen nach innen geronnen und nicht mehr glibberig ist, die Temperatur des Eigelbs dagegen noch unter 65 Grad Celsius liegt, der Dotter also noch nicht stockt. Legt man das Ei gleich in kochendes Wasser, startet man den Kochvorgang immer unter denselben Anfangsbedingungen und kann sich danach auf die Eieruhr verlassen. Ein Kaltstart erschwert das richtige Timing. Wie lange es dauert, bis das Wasser erst einmal kocht, hängt von der Einstellung der Herdplatte, der Wassermenge und der Zahl der Eier ab.

Zu guter Letzt noch ein paar Worte zum Abschrecken: Das Ei lässt sich dadurch nicht etwa besser pellen. Wie stark das Eiweiß an der Schale klebt, hängt im Wesentlichen vom Alter des Eis ab. Ganz frische Eier sind kaum zu pellen. Daher ist das Abschrecken auch nur dann von Bedeutung, wenn man es mit dem Timing ganz genau nimmt. Es stoppt den Garprozess. Und zwar plötzlich.

Warum laufen Silberlöffel schwarz an?

Da mein Vater Münzen sammelte, kenne ich den Unterschied: Goldmünzen bleiben auch nach langer Zeit metallisch rein, Silbermünzen verfärben. In günstigen Fällen bildet sich eine Patina darauf, die das Alter der Münzen betont. Oft jedoch kommt es zu weniger schönen Veränderungen, die ihren Wert mindern.

»Das Anlaufen von Silber ist nichts Ungewöhnliches«, sagt Robert Schlögl, Direktor am Fritz-Haber-Institut in Berlin. Es gebe kaum Metalle, die nicht korrodieren. Auch Stahl ist da keine Ausnahme. »Meist ist die Korrosionsschicht aber so dünn, dass man sie nicht sehen kann.«

Edelmetalle wie Gold oder Silber sollten zumindest dem Namen nach keine Altersflecke zeigen. Schließlich heißen sie deshalb »edel«, weil sie nicht oder nur wenig mit anderen Substanzen reagieren. Sie lassen sich auch vom Sauerstoff aus der Luft nicht anschwärzen.

Aufgrund seiner chemischen Struktur reißt Sauerstoff mit Vorliebe fremde Elektronen an sich und füllt auf diese Weise seine äußere Elektronenschale auf. Besonders gerne verbindet er sich mit Stoffen, die ihrerseits Elektronen abzugeben bereit sind, weil sie ohnehin eine nur gering bestückte äußere Elektronenschale besitzen. Magnesium zum Beispiel reagiert heftig mit Sauerstoff, Eisen rostet, vor allem in feuchter Umgebung, Kupfer korrodiert schon weniger, Silber und Gold kann Sauerstoff fast gar nichts anhaben.

Findet ein Silberatom jedoch einen anderen Reaktionspartner als Sauerstoff, ändert sich die Sache. Schwefelwasserstoff ist so eine Substanz. Er ist immer in geringen Mengen in der Luft vorhanden, aber auch in gekochten Eiern, die man tunlichst nicht mit einem Silberlöffel essen sollte. In Anwesenheit von Sauerstoff geht Schwefelwasserstoff eine nur schwer lösliche Verbindung mit Silber ein. Auch beim Essen von Erbsensuppe mit dem Silberlöffel läuft man Gefahr, dass sich dieser verfärbt und schwarz wird.

In welcher Umgebung welche Stoffe besonders stark korrodieren, sei selbst für Chemiker nicht immer leicht vorherzusehen, so Schlögl. Ganz harmlos erscheinende Getränke könnten sich als äußerst aggressiv erweisen. Beispielsweise seien schon viele Edelstahlrohre in Molkereien bis zur Undichtigkeit korrodiert. Kaum zu glauben, aber: Die Milch macht's!

Warum liegen im Müsli die Nüsse oben?

»Ein voll gedrückt, gerüttelt und überflüssig Maß wird man in euren Schoß geben.« Von wegen! Müsli oder Cornflakes werden nicht schon beim Abfüllen gehörig gerüttelt, sondern erst beim Transport über holprige Straßen. Macht der Käufer die Packung dann auf, ist sie nicht bis zum Rand gefüllt – die klassische Mogelpackung, von der Jesus in der Bergpredigt spricht.

In der Küche wiederholt sich das Phänomen, wenn man das Müsli in eine Dose umfüllt. Lassen wir die Nüsse zunächst außer Acht, so entsteht beim Umfüllen eine lockere Mischung aus Haferflocken und Hohlräumen. Schüttelt man diese, organisiert sich der Inhalt neu. Er verdichtet sich, weil von unten die Schwerkraft an den Haferflocken zieht. Schon nach zwei, drei Rüttlern passt sichtlich mehr in die Dose. Es bringt nichts, viel öfter zu rütteln. Die Verdichtung lässt schnell nach.

Das Schütteln hat weitere Folgen. Betrachten wir einmal ein Gemisch aus verschiedenen Nüssen. Beim Rütteln entmischen sie sich, und erstaunlicherweise sammeln sich die größeren und schwereren Paranüsse nicht etwa am Boden, sondern sie steigen auf. Ähnlich ist es bei einem Müsli aus Haferflocken und Nüssen. Nach dem Schütteln liegen Nüsse und größere Schokostücke oben, die kleinen Flocken dagegen unten. Wie kommt es dazu?

»Wenn die eine Spezies in der Dose viel kleiner ist als die andere, ist es für die kleineren Teilchen leichter, unter die großen zu kommen«, sagt der Physiker Christof Krülle, Mitarbeiter der »Sandgruppe« der Universität Bayreuth. »Sie rieseln beim Rütteln durch die Lücken hindurch.« Wie durch ein Sieb.

Das Müsli hat außerdem Fließeigenschaften. Genau wie Sand

und alle granulare Materie kann man es ausschütten wie eine Flüssigkeit. Auch beim Schütteln verhält es sich ein wenig wie Tee, den man umrührt.

Tee fließt von der Mitte zum Tassenrand, an den Wänden nach unten und über den Boden zurück zur Mitte, wo die Flüssigkeit wieder aufsteigt. Das Müsli kann in eine ähnliche Strömung geraten: Die Haferflocken, die in der Mitte aufsteigen, tauchen am Rand der Dose wieder nach unten ab. Die Nüsse schwimmen zwar zunächst im selben Strom, finden aber ihrer Größe wegen am Rand nicht den Weg nach unten. Sie bleiben oben liegen.

Der »Paranuss-Effekt« ist damit aber längst nicht entzaubert. Je nach Schüttelstärke, Größe und Gewicht der Nüsse, Flocken oder Pulverkörner variiert das Verhalten der Ingredienzen stark. Das bereitet unter anderem bei der Herstellung von Pillen einige Probleme. Denn dabei sollten alle Wirkstoffe gut durchmischt werden.

Warum bleibt an Teflon nichts haften?

Teflon ist in. Viele Verbraucher hierzulande kaufen Pfannen mit Antihaftbeschichtung. Das Material dafür wurde zwar nicht in der Raumfahrt entwickelt, wie immer mal wieder zu hören ist, sondern schon Ende der Dreißigerjahre als einer der ersten Plastikstoffe bei der Herstellung von Kältemitteln zufällig entdeckt. Aber das mindert den Fortschritt gegenüber traditionellem Kochgeschirr nicht. Am Boden einer Teflonpfanne bleibt so gut wie nichts kleben.

Teflon ist hitzebeständig und reaktionsträge. Dabei ist seine Grundsubstanz, das chemische Element Fluor, das reaktivste Gas überhaupt. Aber wenn sich die Fluoratome mit Kohlenstoff zu langen Ketten liiert haben, bringt kaum noch etwas diese in der Chemie als »Polytetrafluorethylen« bezeichnete Verbindung auseinander. Die Fluoratome umhüllen den Kohlenstoff zu beiden Seiten hin, weisen Fett und Wasser, Steak und Spiegelei ab. Selbst starke Säuren greifen den Stoff nicht an. Deshalb wurde Teflon im »Manhattan Project« eingesetzt, um bei der Produktion des Atombombenbrennstoffs Uran 235 Rohre und Dichtungen vor dem ätzenden Uranhexafluorid zu schützen.

Der am deutlichsten spürbare Vorteil von Teflon ist seine glatte, wachsartige Oberfläche. Ein gusseiserner Topf ist, mikroskopisch betrachtet, ziemlich uneben. Deshalb gießt man Öl hinein. Es füllt die Unebenheiten in dem gusseisernen Material aus. So gleitet das Essen auf einem Fettfilm und brennt nicht an.

Die Teflonpfanne macht den Einsatz von Fett nahezu überflüssig. Die Beschichtung ist so glatt, dass das Essen kein Spältchen findet, um sich darin festzusetzen.

Da stellt sich die Frage: Wie gelingt es, wenn schon nichts an Teflon hängen bleibt, das Material selbst auf der Pfanne zu befestigen?

»Dazu muss der Untergrund der Pfanne aufgeraut werden«, sagt Elmar Schlich vom Institut für Prozesstechnik in Lebensmittel- und Dienstleistungsbetrieben der Universität Gießen. Unter dem Mikroskop ähnelt die Auflagefläche dann einer Berg- und Talbahn. Das heiße, aufgesprühte Teflon ebnet die Vertiefungen und Rillen ein und verhakt sich darin. Schlich bezeichnet die rein physikalische Verankerung als »Druckknopf-Effekt«. Die aufgedampfte Schicht ist allerdings nur Bruchteile eines Zehntel Millimeters dünn. Bei zu hoher Temperatur oder zu eifrigem Schaben mit einem Bratenwender kann sie daher auch wieder abplatzen.

Warum ist Latte macchiato geschichtet?

Ein Latte macchiato ist ein kleines Kunstwerk. Erst kommt die aufgeschäumte Milch ins Glas, dann der Espresso, und am Ende dichtet eine frische Schaumkrone die Stelle ab, durch die der Kaffee geflossen ist. Wenn der »Barista« sein Metier beherrscht, bleiben diese Schichten eine ganze Weile erhalten.

Die Milch bleibt unten. Bei einem Latte macchiato ist sie nicht so heiß wie der Espresso und daher – trotz Fettgehalt – dichter. Denn kältere Moleküle benötigen weniger Bewegungsfreiheit, sie liegen enger beisammen. Da pro Kubikzentimeter also mehr Milch- als Kaffeemoleküle versammelt sind, hält die Schwerkraft die Milch am Boden des Glases. Der weniger dichte Espresso schwimmt oben.

Die Schichtung ist freilich nicht ganz stabil. An der Grenze zwischen Milch und Kaffee vermischen sich die Flüssigkeiten. Das liegt unter anderem an ihren vielfältigen Inhaltsstoffen, lässt sich aber am Latte macchiato nicht so leicht studieren wie an einem anderen, einfacheren Beispiel: dem Ozean.

Wärmt die Sonne das Meer von oben, verdunstet Wasser. Zurück bleibt salzhaltigeres Wasser. Es liegt nun als wärmere Schicht im Ozean obenauf. Sinkt die warme, salzhaltige Flüssigkeit irgendwo ein wenig nach unten, gleichen sich die Temperaturunterschiede rasch aus. Nicht aber die Salzkonzentration.

»Wärme diffundiert viel schneller als der Salzgehalt«, sagt André Thess von der Technischen Universität Ilmenau. Da aber salzhaltiges Wasser schwerer ist als salzarmes, sinkt es plötzlich immer weiter nach unten. »Finger« aus salzhaltigerem Wasser wachsen senkrecht nach unten. »Jede noch so kleine Störung zwischen den Schichten breitet sich schnell aus.«

Im Latte macchiato haben wir eine ähnliche Temperaturschichtung wie im erwärmten Ozean: Der Kaffee oben ist etwas wärmer als die Milch darunter. Kaffee und Milch unterscheiden sich jedoch nicht nur in der Konzentration eines einzigen Inhaltsstoffes voneinander, sondern in vielen. Das macht das Auf und Ab an der Grenzschicht schwer kalkulierbar.

Außerdem kühlen die Flüssigkeiten am Rand des Glases ab und sinken dort nach unten. So kann es zu kreisförmigen Umwälzbewegungen kommen, die zur Entstehung mehrerer dünner, verschiedenfarbiger Milch-Kaffee-Schichten führen.

Über die Schichtung des Latte macchiatos können Physiker wie André Thess, der in Ilmenau in einem überdimensionalen Kochtopf von sieben Metern Durchmesser und sieben Metern Höhe turbulente Strömungen untersucht, lange sinnieren. In der Zwischenzeit hält der Schaum das Getränk warm. Die Luftblasen bilden eine nützliche Isolierschicht.

Warum kann man auf Ceran-Glas kochen?

Der traditionelle Elektroherd hat Platten aus Gusseisen. Die Metallplatten werden heiß und geben die Wärme an Topf und Pfanne weiter. Glas dagegen ist ein ausgesprochen schlechter Wärmeleiter. Das kann jeder prüfen, der ein Ceran-Kochfeld besitzt: In der Umgebung der Kochstelle bleibt das Glas kalt. Obwohl die Oberfläche aus einer zusammenhängenden Glasplatte besteht, breitet sich die Wärme darin kaum aus.

Der Topf wird trotzdem heiß, sogar noch schneller. Die Hitze erreicht ihn auch hier von unten. Stellt man das Ceran-Kochfeld an, sieht man nach kurzer Zeit eine unter dem Glas liegende Heizspirale. Sie glüht rot und sendet Wärmestrahlung aus. Diese passiert das Glas größtenteils ungehindert, denn es ist durchsichtig und auch für Infrarotstrahlung transparent.

Ein Ceran-Kochfeld heizt den Topf direkt auf. Der Energieverbrauch ist deshalb so gering, weil man nicht zuerst die Kochplatten erhitzen muss und nur wenig Wärme zwischen Spirale und Topf verloren geht.

Mit herkömmlichem Glas wäre all dies nicht machbar. Denn direkt unter dem Topf wird das Glas vor allem wegen des Kontakts mit dem Topfboden dennoch heiß. Gewöhnliches Glas aber dehnt sich bei Erwärmung aus und zieht sich bei Kälte zusammen. Da auf dem Herd nur einzelne Bereiche erhitzt werden, würde eine Glasplatte bei den unvermeidbaren Temperaturunterschieden zerspringen.

Ceran-Kochfelder bestehen jedoch aus einer Glaskeramik. »Im Glasmaterial sind fein verteilt Kristalle eingebettet, die so klein sind, dass es klar und durchsichtig bleibt«, sagt der Physiker Lutz Klippe, Produktmanager bei der Firma Schott in Mainz, die die Kochfelder seit 1972 entwickelt. Im Gegensatz zu Glas dehnen sich diese Kristalle bei Hitze nicht aus. Im Gegenteil: »Sie schrumpfen.« Einige atomare Teilchen im Kristall wechseln auf Positionen, auf denen sie weniger Platz benötigen. Bei Abkühlung springen sie wieder an Ort und Stelle zurück. Mischt man die Kristalle im rechten Verhältnis mit Glas, ergibt sich ein Werkstoff, der auf Temperaturänderungen von bis zu 700 Grad

Celsius kaum reagiert. Ausdehnung und Schrumpfung heben sich sozusagen gegenseitig auf.

Bevor das Material in Ceranfeldern zum Einsatz kam, profitierten übrigens schon Astronomen davon. Die Spiegel eines Teleskops sollen sich ebenfalls nicht zusammenziehen und die Bilder von Galaxien und planetarischen Nebeln verzerren, wenn die Temperatur im Observatorium nachts bei geöffneter Kuppel drastisch sinkt.

Warum lässt sich Obst mit Zucker konservieren?

Das Trocknen von Früchten in der Sonne ist wohl die älteste Konservierungsmethode überhaupt. Wenn das Wasser verdunstet, verlieren die Mikroorganismen ihre Lebensgrundlage. Sie sterben nicht gleich, aber beenden zumindest ihr faules Geschäft. Getrocknete Aprikosen oder Feigen sind das ganze Jahr über zu haben.

Den unerwünschten Bakterien oder Hefepilzen ist auch auf andere Weise beizukommen. Salz oder Zucker können sehr viel Wasser binden, wenn man großzügig damit umgeht. Fisch wird zur Konservierung reichlich gesalzen, Obst gezuckert, beim Graved Lachs nimmt man Salz und Zucker.

Die Zellen der Tiere und Pflanzen haben Membranen, durch die Wasser eindringen und austreten kann. Diese lassen Zucker und Salz nicht durch. Wenn Kirschen im Sommer reif werden, haben ihre Zellen viel Zucker gebildet. Sie können dann leicht platzen, denn bei Regen nehmen sie viel Wasser auf. Die Zuckerkonzentration ist innen höher als außen, die Natur aber ist um einen Ausgleich der Konzentrationen von Stoffen in einer Lösung bemüht. Da der Zucker nicht aus den Zellen herauskann, wird Wasser aufgenommen, ein Prozess, den Wissenschaftler als Osmose bezeichnen.

Im umgekehrten Fall geben Früchte ihre Flüssigkeit ab: Bestreut man reifes Obst mit viel Zucker, dann ist die Zuckerkonzentration außen höher als innen. Nun bindet der gestreute Zucker das Wasser. Er entzieht nicht nur den Kirschen oder Himbeeren Flüssigkeit, weshalb sie in der Obstschale in ihrem eigenen Saft zu schwimmen beginnen, sondern auf dieselbe Art und Weise auch den Zellen der Bakterien und Hefen. Die Menge macht's: Bei 60 bis 65 Prozent Zuckergehalt stellen die Mikroorganismen ihr Wachstum wegen Wasserentzug ein.

Lediglich einige Spezialisten wie Schimmelpilze können selbst noch auf der Oberfläche einer Erdbeerkonfitüre wachsen. »Schimmelpilze halten einen ziemlich hohen osmotischen Stress aus«, sagt Reinhold Carle, Lebensmittelexperte an der Universität Hohenheim. Das gelingt ihnen, indem sie in ihren Zellen andere Substanzen in hoher Konzentration ansammeln. »Um Schimmelpilze loszuwerden, muss man ihnen daher auch noch den Sauerstoff entziehen.« Etwa durch ein Vakuum im Glas zwischen Konfitüre und Deckel. Ist das Glas dagegen nicht ganz dicht, geht's ans Eingemachte.

Warum naschen Katzen nicht?

Früher fraß die Katze Mäuse. Wenn sie ausgewachsen war, zehn Stück am Tag. Heute isst sie Rind als Pâté oder Kalbsbröckchen in Gelee. Sie ist wählerisch. Maus aus der Dose wäre ihr vermutlich am liebsten.

Die Katze ist ein ausgeprägter Fleischfresser, viel stärker als der Hund. Aber die Zeit des Jagens ist für viele Katzen vorbei. Die Stubentiger sitzen im warmen Zuhause gut im Futter und neigen zu Übergewicht, insbesondere wenn sie kastriert sind. Dann haben sie noch mehr Appetit und werden noch bequemer.

Es überrascht daher nicht, dass immer mehr Katzen – ähnlich wie übergewichtige Menschen – unter Diabetes leiden. Ihr Körper produziert nicht mehr genügend Insulin oder reagiert nicht mehr stark genug auf das Hormon. Daher benötigen sie Insulinspritzen, damit der Blutzuckerspiegel wieder sinkt.

Unter einer anderen Art der »Zuckerkrankheit« leidet die Katze aber mit Sicherheit nicht: Sie lässt sich nicht mit Weihnachtsgebäck oder anderen Süßigkeiten verführen. Es gibt kaum eine unsinnigere Wortschöpfung als »Naschkatze«. »Sie schmeckt das Süße gar nicht«, sagt Ingo Nolte, Direktor der Klinik für kleine Haustiere an der Tierärztlichen Hochschule Hannover. Die Chemorezeptoren für den süßen Geschmack sind bei Katzen nicht funktionsfähig. »Diese genetische Prägung ist sehr alt.« Auch Geparden oder Tiger haben derart veränderte Geschmacksknospen im Mund.

Katzen spucken Süßes allerdings nicht aus. Einen Sahnejoghurt, der fetthaltig ist, verachten sie nicht. Es kommt auch vor, dass sie – des Fettes wegen – ein Stück Schokolade essen. Zuckerwatte oder süße Früchte wie Erdbeeren stehen dagegen nicht auf ihrem Menüplan.

Dass sie extreme Fleischfresser sind, kann übrigens auch den nicht übergewichtigen Katzen im Alter gesundheitliche Probleme bereiten. Die vielen Proteine, die sie zu sich nehmen, müssen im Körper entgiftet werden, es bildet sich Harnstoff. Die Harnstoffwerte vieler Katzen, die zwölf Jahre oder älter sind, sind dementsprechend hoch, ihr Eiweißstoffwechsel ist gestört. Dann leiden sie unter Niereninsuffizienz und haben ständig Durst.

Fazit: Wer überhaupt nichts Süßes isst, lebt auch nicht unbedingt gesünder.

Warum dreht sich das Essen in der Mikrowelle?

Ein verloren gegangenes Handy ist leichter zu finden als eine vermisste Brille. Meist kommt man ihm mit einem Anruf auf die Schliche, egal ob es in der Kleidung steckt oder in einer Tasche. Allerdings nicht, wenn man das Gerät in eine Keksdose gelegt hat. Dann macht das Mobiltelefon keinen Piep, denn die Handystrahlung wird von einer gut verschlossenen Metalldose wirkungsvoll abgeschirmt. Sie kommt weder rein noch raus.

Rundum geschlossen wie die Keksdose sollte auch ein Mikrowellengerät sein. Wer sein Essen darin aufwärmt, möchte von der Strahlung, die der Generator erzeugt, möglichst nichts abbekommen. Deshalb hat das Gehäuse Metallwände. Sie werfen die Mikrowellen zurück. Auch das Sichtfenster in der Tür ist mit Metallpartikeln durchsetzt. Sie liegen so dicht beieinander, dass das Fenster zwar für sichtbares Licht durchlässig bleibt, also durchsichtig ist, für die Mikrowellenstrahlung jedoch eine nahezu durchgehende Metallwand darstellt. Sie kann nicht passieren.

Die Frequenz der Strahlung ist gerade so gewählt, dass vor allem Wasser darauf anspricht. Sie liegt bei 2,45 Gigahertz, etwas höher als die üblichen Mobilfunkfrequenzen im D1- oder E-Netz. Wasser ist in nahezu allen Lebensmitteln vorhanden, seine Moleküle sind kleine Dipole. Die positiven und negativen Ladungsträger der Wassermoleküle richten sich in einem elektrischen Strahlungsfeld daher aus wie kleine Kompasse in einem Magnetfeld. Ständig versuchen sie, sich an die Mikrowellenstrahlung anzupassen, die ihrerseits unentwegt ihre Richtung ändert. So zappeln die Ladungsträger und mit ihnen die Moleküle selbst wild hin und her. Die Wassermoleküle stoßen dabei an andere Moleküle – das Essen wird immer wärmer und nach einiger Zeit heiß. Dagegen bleibt der Teller aus Glas, Keramik oder Kunststoff kalt.

Damit sich die Strahlung möglichst gut ausbreiten kann, wird sie nicht nur an den Wänden reflektiert, sondern bei einigen Geräten auch an zwei rotierenden Metallflügeln. »Trotzdem verteilen sich die Mikrowellen nicht gleichmäßig im Garraum«, sagt Barbara Sandow, Experimentalphysikerin an der Freien Universität Berlin. Selbst in der Mitte des Herds sei nicht immer die meiste Leistung gebündelt. »Um dies auszugleichen, hält man den Teller in Bewegung.« Und lässt das Essen rotieren.

Warum schwimmen Gnocchi oben?

Nudeln zu kochen, sei ein Kinderspiel. Heißt es. Aber wann genau man Spaghetti, Farfalle, Tortiglioni und Co. aus dem Topf holen muss, ist für jede Nudelsorte anders. Gnocchi sind weniger kapriziös. Sie geben von sich aus Bescheid. Sind sie gar, steigen sie auf und man schöpft sie mit einem Schaumlöffel ab.

Nudeln werden in der Regel zum Abtropfen in ein Sieb gegossen. Dabei schüttet man sie alle auf einen Haufen und lässt noch die Stärke darüber laufen, die sich im Kochwasser angesammelt hat. Sie bleibt an den Nudeln kleben, die Pasta wird pappig. Bei Gnocchi bleibt uns ein Kuddelmuddel, wie wir es manchmal mit Spaghetti erleben, erspart. Mit der Kelle abgefischt, kommen sie direkt auf den Teller.

Warum Gnocchi unseren Bedürfnissen in dieser Hinsicht eher entgegenkommen als Pasta, ist eine Frage des Auftriebs. Gnocchi profitieren dabei von ihrer Zusammensetzung und Größe. Beides lässt ihre unmittelbare Verwandtschaft zum Kloß erkennen.

Wie der Kloß werden sie meist aus Kartoffeln gemacht, bestehen vor allem aus Stärke und Wasser. Stärkekörner sind etwas schwerer als Wasser, weshalb Gnocchi und Klöße zunächst untergehen. Beim Kochen quellen sie auf, die Stärke verkleistert, erst an der Oberfläche, dann weiter innen. Am Boden des Topfes werden sie schließlich so heiß, dass sich das in ihnen gespeicherte Wasser in Dampf zu verwandeln beginnt. Der Wasserdampf kann durch die verkleisterten Schichten nicht mehr entweichen, auch die wenige Luft nicht, die sich in Form von Gasblasen im weichen Gnocchi-Teig fein verteilt. Mit zunehmender Hitze blasen Luft und Wasserdampf das Innere auf.

»Dadurch dehnt sich der Kloß ein bisschen aus«, sagt Friedrich Meuser, Lebensmitteltechnologe an der Technischen Universität Berlin. »Gerade genug, dass er aufschwimmen kann.« Bei gleichbleibender Masse nimmt das Volumen zu, die Struktur wird lockerer, weitmaschiger, das spezifische Gewicht ist schließlich kleiner als das von Wasser. Der Kloß steigt auf.

Eine derartige Lockerheit ist der Nudel fremd. Sie quillt zwar auch auf, besteht aber aus mit Wasser verpresstem Hartweizengrieß, der keine Luftblasen enthält und im Topf weniger Wasser aufnimmt. Die Nudel bleibt auch beim Kochen schwerer als Wasser. Sie ist zu dünn, um sich in einen effizienten Dampfbehälter zu verwandeln. Eher zerkocht sie, als aufzugehen wie ein Kloß.

Warum kommt Salz erst kurz vor den Nudeln ins Wasser?

Das Band, das die italienische Familie zusammenhält, ist 25 Zentimeter lang und trägt den Namen Spaghetti. Sind sie verkocht oder fehlt Salz, hängt der Haussegen schief. In solchen Fällen helfen kein Salzstreuer auf dem Esstisch und kein Parmesan. Die Pasta bleibt fad. Sie schmeckt nicht.

Salz gehört vor den Nudeln ins Wasser. Nur so kann es in die aufquellenden Nudeln eindringen. Fertige Nudeln lassen sich nur noch oberflächlich salzen. Das mag Salzstangen gut anstehen, nicht aber Spaghetti.

Meine süditalienische Großmutter gehörte zu den Frauen, die das Salz erst in das schon kochende Wasser kippten. Eine von vielen alten Küchenregeln. Und die Nonna hatte einen guten Grund dafür. Damals.

Im Wasser löst sich Salz in seine Bestandteile auf: in positiv geladene Natrium- und negativ geladene Chlor-Ionen. Sobald diese Teilchen ihre ursprüngliche Kristallstruktur verlassen, gesellen sich Wassermoleküle zu ihnen und hüllen sie ein. Wassermoleküle haben eine asymmetrische Ladungsverteilung. Ihre negativ geladene Sauerstoffseite wendet sich bevorzugt den Natrium-Ionen zu, die Wasserstoffseite den Chlor-Ionen.

Im gesalzenen Wasser sind also zusätzliche Anziehungskräfte wirksam. Die Moleküle verlassen den Topf beim Verdampfen nicht ganz so leicht. Salzwasser kocht bei einer höheren Temperatur als 100 Grad Celsius.

Der Temperatursprung ist bei den Mengen Salz, die man ins Nudelwasser schüttet, allerdings gering: kaum mehr als ein Zehntel Grad. Um eine signifikante Erhöhung des Siedepunkts zu erzielen und die Nudeln schneller zu garen, müsste man etliche Esslöffel Salz in einem Liter Wasser auflösen.

Auf die Garzeit der Nudeln und die Kochzeit des Wassers wirkt sich das Salz daher nicht sonderlich aus. Wann man Nudelwasser salzt, ob sofort, wenn es noch kalt ist, oder später, wenn es schon zu kochen anfängt, wäre demnach egal.

Warum die Reihenfolge früher jedoch wichtig war, weiß Wolfgang Voigt, Leiter der Arbeitsgruppe Salzchemie an der TU-Freiberg. »Salz greift Metalle an.« Streusalz kann im Winter die Korrosion am Auto fördern, Kochsalz den Lochfraß in schlechten Töpfen. »Beim Einwerfen in siedendes Wasser wird alles Salz gleich verwirbelt und aufgelöst.« Im kalten Wasser dagegen sinkt es zum Topfboden. Die dort über längere Zeit hohe Salzkonzentration beschleunigt die Korrosion.

Den Aluminiumtöpfen meiner Nonna schadete das tägliche Pastaritual sichtlich. »Edelstahltöpfen kann Salz nicht mehr viel anhaben.« Auch Messer sind heute edel. Deshalb kann man inzwischen – anders als früher – Kartoffeln damit schneiden, ohne dass die Messer sich verfärben. Noch so eine Küchenregel, deren Verfallsdatum abgelaufen ist.

Warum bildet sich ein Strudel im Badewannenabfluss?

Wirbelstürme entfalten schier unfassbare Kräfte. Die Hurrikans entstehen, wenn über dem warmen Ozean Wasser verdunstet und aufsteigt, wenn diese Aufwärtsbewegung einen Sog erzeugt, der immer mehr feuchtwarme Luft anzieht, die rascher und rascher um das Zentrum rotiert. Man kann dies zwar mit Worten beschreiben, sich aber nur schwer vorstellen, wie es zu einer derart schnellen Umdrehung der Wolkenmassen, wie es zu so gewaltigen Stürmen kommt.

Der heimische Ozean ist ein paar Nummern kleiner. Entspannt liegt man im warmen Wasser, das langsam verdunstet, Feuchtigkeit schlägt sich auf dem Badezimmerspiegel nieder. Ruhe vor dem Sturm.

Sobald man den Stöpsel aus der Badewanne zieht, verwandelt sich das stille Wasser in einen Strudel. Zuerst dellt sich die Wasseroberfläche über dem Abfluss nur leicht ein, dann öffnet sich ein Trichter und das Abflussrohr saugt das immer schneller kreisende Wasser gurgelnd in sich hinein. Wie im Fall des Hurrikans bildet sich auch der Wirbel in der Badewanne wie aus dem Nichts.

Das liegt vor allem daran, dass der Abfluss so klein ist. Wenn sich eine auch noch so gemächliche, weitläufige Rotation auf einen engen Raum verdichtet, steigt die Umdrehungsgeschwindigkeit rasend schnell an. Ein bekanntes Beispiel dafür ist die Pirouette einer Schlittschuhläuferin: Mit ausgestreckten Armen kreist die Eistänzerin zuerst langsam, zieht dann ihre Arme an und dreht sich mit einem Mal in irrsinnigem Tempo um ihre Achse. Eine solche Drehachse kann auch im Auge eines Hurrikans oder im Innern eines Abflussrohrs liegen. »Das abfließende Wasser wird dann durch die Zentrifugalkräfte gegen die Rohrwand gedrückt«, sagt Cornelia Lang vom Institut für Hydromechanik der Universität Karlsruhe. »So entsteht ein Trichter.«

Beim Hurrikan werden die einströmenden Luftmassen durch die Erdrotation abgelenkt, ehe sie in einem kleinen Tiefdruckgebiet an Fahrt gewinnen. Alle Hurrikans auf der Nordhalbkugel drehen sich daher in dieselbe Richtung. Badewannenwirbel dagegen drehen sich mal so herum, mal so herum. Würde man das Wasser ein paar Tage ruhig stehen lassen, könnte sich die Erddrehung vielleicht auch hier ganz schwach bemerkbar machen. Doch Wanne und Abfluss haben Unebenheiten, und schon beim Herausziehen des Stöpsels erzeugt man Wellenbewegungen, die den geringen Einfluss der Erdrotation bei Weitem übersteigen. Die Drehrichtung eines Badewannenstrudels ist daher kaum vorhersehbar.

Warum ist Toilettenpapier so entgegenkommend?

Kein Geschäft ist beendet, bevor der Papierkram nicht erledigt ist. Letzterer zieht sich manchmal in die Länge. Zum Beispiel in einem engen WC der Regionalbahn, wo der Toilettenpapierhalter so angebracht ist, dass man ihn nur mit einer Hand erreicht. Wie wickelt man eine solche Sache geschickt ab?

Wenn Sie bereit sind, sich in diese unangenehme Situation hineinzuversetzen, lassen Sie uns mit einer gedanklichen Aufwärmübung beginnen: Sie sitzen einfach nur da, der Zug steht, plötzlich fährt er los. Was passiert?

Rollt der Zug langsam an, bekommen Sie auf dem stillen Örtchen kaum etwas mit. Gibt der Lokführer jedoch Vollgas, reißt es Sie entgegen der Fahrtrichtung vom Hocker. Das ist im Zug ähnlich wie im Auto, wo Sie bei starker Beschleunigung in den Sitz gedrückt werden und beim plötzlichen Abbremsen nach vorne fallen. Je schneller es losgeht, umso größer die Trägheitskraft. Ihr Körper kommt so rasch nicht mit.

Auch Klopapier nicht. Solange Sie langsam daran ziehen, folgt das Papier der Bewegung. Dann kommt der kritische Moment des Abreißens. Einhändig. Nun machen Sie sich die Trägheit zunutze und ziehen ruckartig. Nicht zu zaghaft, aber auch nicht zu stark. Dann folgt das Papier dem Zug kaum und reißt an der gewünschten Stelle.

Wolfgang Bürger, Emeritus für Mechanik der Universität Karlsruhe, hat für eine typische Halterung mit 200-Gramm-Rolle berechnet, dass man das abgerissene Stück schon nach 0,01 Sekunden in den Händen halten kann, während sich von der Rolle nur zwei Zentimeter Papier abwickeln. Denn die in Drehung versetzte Rolle wird durch die Reibung an der Wand oder an einem Klemmbügel wieder gebremst. Am besten verhindern Sie Papierschlangen, wenn Sie diesen Wandkontakt noch verstärken, indem Sie das Papier auf die Wand zu abreißen, empfiehlt Bürger. Auf glatten Kacheln sei das schwierig. Die Wandhaftung ist hier schlecht. In einem alten Mitropa-Schlafwagen der Bahn hat er einmal eine Luxusausführung des Klopapierhalters entdeckt: »mit Querrippen aus Metall an der Wand wie auf Großmutters Waschbrett«.

Problematisch wird es, wenn die Rolle falsch herum eingelegt und nur noch wenig Papier verfügbar ist. Dann ist die Klopapierrolle sehr leicht, und ein leichter Körper lässt sich mühelos in Bewegung versetzen. Da Sie zum Abreißen des Papiers jedoch eine Mindestkraft brauchen, kommt Ihnen das Papier nun auch bei ruckartigem Ziehen viel eher entgegen. Und schon sitzen Sie mittendrin. Im Papiersalat.

Warum verlieren Socken ihren Partner?

Ich gehöre zu den Männern, die zu jeder Kleidung die passenden Socken tragen müssen. Unmöglich kann ich schwarze Socken mit braunen Schuhen kombinieren oder blaue mit einer orangefarbenen Hose. Damit habe ich mir schon eine Menge Ärger eingehandelt.

Stellen Sie sich einmal vor, Sie waschen zehn verschiedene Paar Socken: rein in die Maschine, raus aus der Maschine und ab auf die Leine. Dort hängen nach der Wäsche zu Ihrem Verdruss aber nicht 20 Socken, sondern nur 18. Zwei fehlen.

Das passiert heutzutage leicht. Die hohen Umdrehungsgeschwindigkeiten von bis zu 2000 Umläufen pro Minute beim Schleudergang treiben die Socken in die hintersten Ecken der Trommel. Sie bleiben an der Innenwand kleben und führen ihre Randexistenz bis zur nächsten Wäsche unbemerkt fort. Dann spült sie 90 Grad heißes Wasser in ein neues, unbekanntes Umfeld, sie lernen das Innenleben eines Plumeaubezugs kennen oder werden von einem Kopfkissenüberzug verschluckt, den man monatelang nicht mehr aus dem Schrank nehmen wird. Auf solche und andere Weise machen sich Socken zwischen Wäschekorb und Kleiderschrank mir nichts, dir nichts davon.

Es fehlt zum Beispiel der Taubenblaue. Dann ist der zweite Vermisste jedoch nicht etwa auch taubenblau. Die anderen neun Paare sind nun nämlich klar in der Überzahl. Deshalb ist es viel wahrscheinlicher, dass neben dem taubenblauen ein weiterer Socken seinen Partner verliert, der graue zum Beispiel. Und schon sind's nur noch acht Sockenpaare.

Robert Matthews von der Aston University in Birmingham hat ausgerechnet, wie übel uns die Statistik mitspielen kann. Gesetzt den Fall, Sie haben zehn Paar Socken und beim Waschgang verschwinden auf irgendeine mysteriöse Weise sechs Socken. Dann ist es hundertmal wahrscheinlicher, dass der schlimmste Fall eintritt und nur vier Paar und sechs einzelne Socken übrig bleiben, als dass es vergleichsweise glimpflich abläuft und noch sieben Paar vollzählig sind. Das ist eine besonders bösartige Spielart von Murphys Gesetz: Was schiefgehen kann, geht schief.

Dem notorischen Sockenschwund ist allerdings durch ein bisschen Mathematik beizukommen. Wer Sockenpaare im Fünferpack kauft und sich auf zwei verschiedene Varianten beschränkt, kommt wesentlich besser durch. Man kann dann außerdem beliebig viele Socken waschen, ohne dass sich die Sache verschlimmert.

Mich dagegen kommt jedes zusätzliche Paar in der Maschine teuer zu stehen. »Je größer die Vielfalt, umso schlimmer wird's«, sagt Matthews. Übertriebene Eitelkeit ist ein Trennungsgrund. Zumindest für Socken.

Warum soll man Pflanzen mit abgestandenem Wasser gießen?

Draußen auf dem Balkon geht's dem kleinen grünen Kaktus in der heißen Jahreszeit prima. Er genießt das Nachtleben. Um Wasserverluste zu vermeiden, macht er tagsüber alle Schotten dicht. Der Kaktus öffnet die Stomata in seinen Blättern erst in der Dunkelheit, wenn's kühler ist. Dann erst nimmt er über die Spaltöffnungen Kohlendioxid auf – obwohl nun kein Licht mehr für die Fotosynthese da ist. Aber der Kaktus pflegt die Vorratshaltung. Er legt Wasservorräte an und speichert das nachts aufgenommene Kohlendioxid chemisch in Form von Säuren, um es später, bei Sonnenschein, zu verwerten.

Viele Pflanzen haushalten weniger gut. Sie gehen geradezu verschwenderisch mit Wasser um. Um ein Kilogramm Biomasse zu erzeugen, brauchen sie Hunderte Liter. Was nicht zuletzt daran liegt, dass sie ihre Spaltöffnungen – anders als der Kaktus – tagsüber nicht ständig geschlossen halten können, weil ihnen sonst das Kohlendioxid ausgehen würde. Über diese Öffnungen verdunstet aber an heißen, trockenen Tagen Wasser. Die Pflanzen transpirieren, wir müssen sie ständig gießen.

Am meisten Wasser brauchen sie tagsüber. Daher gießt man am besten morgens. Abends ist auch o.k., weil der nächtliche Verbrauch ohnehin gering ist. Beim Gießen in praller Mittagssonne dagegen verdunstet viel mehr Wasser. Die Pflanze leidet zu dieser Tageszeit womöglich bereits unter Wassermangel, hat die Stomata geschlossen und kann das Wasser nun schlechter verwerten. Kleine Tröpfchen auf den Blättern können die direkte Sonneneinstrahlung außerdem wie optische Linsen auf einen Punkt hin fokussieren. Das führt mitunter zu Verbrennungen, vor denen sich die Pflanze durch eine Wachsschicht zu schützen versucht. Über die perlt das meiste Wasser ab.

Morgens oder abends zu gießen, hat auch den Vorteil, dass der Temperaturschock für die Pflanze nicht so groß ist. »Regen hat etwa die gleiche Temperatur wie die Luft«, sagt Reinhard Schmidt vom Institut für Gemüse- und Zierpflanzenbau in Großbeeren. »Gegossen wird aber oft mit Leitungswasser, das zehn bis zwölf Grad kalt ist.« Das macht der Pflanze zu einer kühleren Tageszeit nicht ganz so viel aus wie in der Mittagshitze. Am besten ist es, das Wasser zum Temperaturausgleich eine Zeit lang stehen zu lassen.

Noch ein paar Tipps für die Sommerzeit: Lieber einmal kräftig gießen, sodass die Erde gut feucht ist, als mehrmals wenig. Etwas grober Kies auf dem Blumenkübel mindert die Austrocknung der Erde. Außerdem sollte man bedenken, dass unter abgefallenen Blüten Pilze gedeihen können. Es empfiehlt sich daher, die Blüten regelmäßig zu entfernen.

Warum hält der Nagel in der Wand?

Ein Nagel, ein Hammer, ein Schlag – ein Bluterguss. Der Schwung mit dem Hammer hat manchmal eine schmerzliche Seitwärtskomponente. Beim ersten oder zweiten Schlag knickt der Nagel leicht ab, der Hammer rutscht vom Köpfchen. Erst wenn der Metallstift tief genug sitzt, kann das Wandmaterial die seitliche Kraft auffangen. Es empfiehlt sich also, das Handwerk mit wenig Kraft zu beginnen.

Und mit dem richtigen Nagel. Er sollte nicht zu kurz und nicht zu dünn sein, weil sich der Ausziehwiderstand sonst verringert.

Aber auch nicht zu groß. Ein dünnerer Nagel dringt bei gleichem Kraftaufwand tiefer ins Material ein. Seine kleinere Spitze übt einen größeren Druck auf die Wand aus.

Jeder, dessen Füße schon einmal Bekanntschaft mit einem Pfennigabsatz gemacht haben, wird die Wirkung kleiner Kontaktflächen so schnell nicht vergessen. Beim Nageln ist sie ausschlaggebend, denn der Kampf mit der Wand ist ein Verdrängungswettbewerb. Wo zunächst Mauerwerk oder Holz ist, soll nach wenigen Schlägen der Nagel sein. Das gelingt nur mit einem harten Nagel, der dem Zusammendrücken stärker trotzt als die Wand. Gegen Beton hilft nur ein Nagel aus gehärtetem Stahl.

»Um den Nagel herum wird das Material verdichtet«, sagt Rolf Eligehausen, Leiter der Abteilung Befestigungstechnik am Institut für Werkstoffe im Bauwesen der Universität Stuttgart. »Das verdrängte Material erzeugt daher eine Druckkraft um den Nagel. Sie ist umso größer, je dicker und je länger der Nagel ist.« Diese Kraft gibt dem Nagel Halt.

Seine Tragfähigkeit hängt davon ab, in welche Richtung er beansprucht wird. Senkrecht zur Schaftrichtung ist er wegen des Gegendrucks der Wand belastbar und zuverlässig. Dem Zug in Längsrichtung gibt er dagegen manchmal ziemlich schnell nach. Hier kommt es besonders auf die Beschaffenheit seiner Oberfläche sowie auf die Dichte und Elastizität des Wandmaterials an.

Dicke, lange, geriffelte Nägel erzeugen eine größere Haftreibung zwischen Nagel und Wand. Wenn zum Beispiel ein profilierter Nagel die Fasern in dichtem Holz stark zusammenpresst, sorgt die beiderseitige Rauigkeit für eine gute Verzahnung der Materialien auf mikroskopischer Ebene. Anders, wenn das Wandmaterial zerbröselt, etwa bei Bauteilen aus Porenbeton. Dann verringert sich der Ausziehwiderstand drastisch.

Warum kann man mit feuchten Fingern besser umblättern?

Erstaunlich, was so eine Fliege alles fertigbringt! Kopfüber setzt sie sich an die Decke – und die Fallgesetze außer Kraft. Wie macht sie das bloß? Was hält sie da oben fest?

An ihren Füßen hat sie kleine Hafthärchen. Sie nehmen sofort die bestmögliche Tuchfühlung mit der Oberfläche auf. Das gelingt ihnen mit ein bisschen Feuchtigkeit. Aus den Spitzen ihrer Härchen tritt eine Flüssigkeit aus. Damit gleicht die Fliege sämtliche Unebenheiten zwischen der Decke und ihren Füßen aus. Anstatt die unebene Oberfläche nur an wenigen Punkten zu berühren, nutzt das Insekt die gesamte Auflagefläche, um sich dort oben festzuhalten.

Wenn wir einen Finger befeuchten, um in einem Buch zu blättern, verschaffen auch wir uns eine optimale Kontaktfläche. Das ist wichtig, weil die Kräfte zwischen verschiedenartigen Molekülen in der Regel nur eine kurze Reichweite haben. Die Feuchtigkeit dringt in alle Ritzen ein und benetzt die Oberfläche des Papiers und unserer Finger sehr gut.

Wasser hat außerdem einen starken inneren Zusammenhalt. »Die Wassermoleküle, bestehend aus Wasserstoff- und Sauerstoffatomen, ziehen sich wechselseitig an«, sagt Andreas Groß, Leiter des Klebtechnischen Zentrums am Fraunhofer-Institut für Fertigungstechnik und Angewandte Materialforschung in Bremen. »An den Wasserstoffatomen sind die Moleküle partiell positiv geladen und an den Sauerstoffatomen negativ.« Die beiderseitigen elektrischen Ladungen wirken auch auf Nachbarmoleküle attraktiv.

Die Flüssigkeit wird also einerseits durch innere Kräfte zusammengehalten (Kohäsion), haftet aber zugleich an unserer Haut und am Papier (Adhäsion). Denn die meisten Oberflächen haben ebenfalls winzige Bereiche mit positiven und negativen Ladungen, die Wassermoleküle festhalten können. Sie ziehen Feuchtigkeit regelrecht an. Ausnahmen bilden wachsartige Kunststoffe wie Polyethylen oder mit Silikon beschichtetes Papier. Sie weisen Wasser und viele andere Stoffe ab. Daher lassen sich aus solchen Substanzen Tuben für Sekundenkleber herstellen oder gutes Verpackungsmaterial.

Der benetzte Finger bleibt nicht dauerhaft am Blatt haften. Dafür sind die auftretenden Kräfte zu schwach. Man kann den Effekt nur kurzzeitig nutzen. Die federleichte Fliege dagegen sitzt an der Decke, als wäre sie festgeklebt.

Warum löscht der Tintenkiller?

Meine Schulhefte sahen schlimm aus. Durchgestrichenes, Überschriebenes, ab und an ein Versuch, mit der blauen Seite des Radierers einen Fehler auszumerzen. Leider hat mich niemand beizeiten in die Geheimnisse von Tintenkiller, Tintentiger und Super Pirat eingeweiht. Mein Killerinstinkt wurde zu spät geweckt.

Im Chemieunterricht experimentierten wir allerdings eine ganze Weile mit Substanzen herum, die ihre Farbe wechseln, zum Beispiel mit klein geschnittenem Blaukraut. Wenn man Blaukraut in Wasser gibt, färbt sich die Flüssigkeit zunächst blau. Sobald man jedoch Essig, Zitronensaft oder Apfelstücke hinzufügt, ändert sich die Farbe und das Blaukraut wird zum Rotkohl. Im Chemieunterricht schüttete der Lehrer statt einer Säure auch schon mal eine Lauge zum Blaukraut, etwa Waschpulver. Damit färbte sich die Flüssigkeit grün. Später sprang er zwischen den Farben hin und her und nutzte dabei aus, dass sich die Wirkungen von Säuren und Laugen gegenseitig aufheben.

Der Löscheffekt des Tintenkillers basiert auf einem ähnlichen Wechselspiel. Die Tinte, die es zu tilgen gilt, ist leicht sauer. Sie enthält komplexe Farbstoffmoleküle, die bevorzugt gelb-oranges Licht aufnehmen, blaues Licht jedoch zurückwerfen. Wir sehen die Tinte daher blau. Bis der Tintenkiller darüberfährt. Zu den Inhaltsstoffen seiner Löschflüssigkeit gehört ein Bleichmittel, das die blaue Farbe zum Verschwinden bringt. Es verwandelt die Farbstoffmoleküle derart, dass sie kein sichtbares Licht mehr absorbieren. Sie werden farblos.

In einem blau erscheinenden Farbstoffmolekül wird die Energie, die das Licht mitbringt, von Elektronen aufgenommen, die zwischen den einzelnen Bestandteilen des Moleküls recht frei hin und her wandern können. »Durch die Addition des Bleichmittels verändert sich das Elektronensystem«, sagt Norbert Fischer, Chemiker bei der Firma Pelikan. Es kommt zu einer anderen Art der chemischen Bindung zwischen den Molekül-Bestandteilen. Infolgedessen sind die Elektronen nicht mehr so beweglich und interagieren nicht mehr mit sichtbarem Licht. »Sie sind nicht mehr anregbar.«

Die Tinte ist nicht verschwunden – der Tintenkiller hat sie nur farblos gemacht. Mit der andersartigen Tinte eines Überschreibstifts kann der Schüler dieselbe Stelle des Papiers neu bekritzeln. Er könnte sogar das ursprünglich Geschriebene wieder zurückholen, ähnlich wie sich Blaukraut in Rotkohl und Rotkohlsaft wieder in eine blaue Flüssigkeit verwandeln lässt. Ein solcher Zauberstift wird im Handel allerdings nicht angeboten.

Warum verwurschtelt das Telefonkabel?

Um es gleich zu sagen: Den Dreh bringt jeder selbst hinein. Das macht ein Kabel nicht von sich aus. Es reicht schon, den aufgenommenen Hörer nicht wieder auf dieselbe Weise abzulegen, die Hand beim Telefonieren zu wechseln oder ein bisschen herumzuspazieren. Wiederholt sich dies viele Male, hat man irgendwann den Salat.

Wie leicht sich das Telefonkabel verdreht, hängt allerdings auch von seinen Materialeigenschaften ab. In seinem Innern liegen vier ummantelte Adern. Diese bestehen nicht aus einem dickeren Kupferdraht, sondern aus vielen dünnen, miteinander verseilten Drähten. Das macht sie flexibel. Beim Herstellungsprozess laufen die vier parallel angeordneten Adern durch eine Maschine, in der ein Kunststoff aufgespritzt wird, oft PVC, das damit den Hauptbestandteil der Telefonschnur ausmacht.

Es gibt Dinge, die nie mehr in ihre Ausgangsform zurückkehren, wenn man sie dehnt oder verbiegt: ein Löffel etwa. Das Telefonkabel dagegen soll elastisch sein. Deshalb verwendet man dafür einen Kunststoff, der ähnlich wie Gummi wieder in seine Ausgangslage zurückkehrt, wenn man daran gezogen hat.

PVC ist preiswert, aber eigentlich hart und spröde. Man kann seine Materialeigenschaften jedoch durch den Zusatz von Weichmachern verändern. Der Weichmacher lagert sich zwischen den langen Molekülketten des PVCs an, lockert sie auf und macht den Stoff elastisch.

Um das Kabel möglichst gut vor ungewünschten Verdrehungen zu schützen, wickelt man es bei der Herstellung außerdem auf Stäbe und legt diese in den Ofen. Denn bei hohen Temperaturen lässt sich PVC in Form bringen. So entstehen die vielen Windungen der Telefonschnur.

»Wenn sie sich gleich wieder richtig zusammenziehen, sodass Windung an Windung liegt, können die Windungen nicht ineinandergreifen und verwurschteln«, sagt Heinrich Rost, Physiker und Kabelentwickler bei Corning Cable Systems. Billige Kunststoffe altern schneller und verlieren ihre Elastizität. »Wenn das Material schlecht ist, geht der Weichmacher zu schnell raus.« Dann beginnt das Kabel, sich schon bei geringen Belastungen zu verformen, zum Beispiel, wenn man einmal den Telefonhörer zur Entwirrung nach unten baumeln lässt. Auf die ersten Lücken in der gewundenen Schnur folgt bald ein Kuddelmuddel.

Wer die Angewohnheit hat, ständig mit dem Telefon in der Hand hin und her zu wandern, sollte Vorsorgemaßnahmen treffen. Ihm hilft womöglich ein kleiner Verdrehschutz: Ein entsprechender Adapter am Hörer, in dem sich das Kabel frei drehen kann.

Warum kann man Kerzen ausblasen?

Mehr Luft tut den meisten Flammen gut. Ob man im Sommer mit der Luftpumpe am Grill steht oder im Winter den Kamin auf Durchzug stellt – die Zufuhr von Sauerstoff facht die Glut an. Die

Verbrennungszone weitet sich dadurch aus. Nur die Kerze erlischt, wenn man pustet. Von wegen ewiges Licht!

Im Vergleich mit dem flächigen Kaminfeuer hat sie mit ihrem Docht allerdings auch nur eine dünne Lebensader. Kerzenwachs brennt nicht direkt, sonst stünde die ganze Kerze in Flammen. Es muss erst schmelzen und verdampfen, ehe es sich mit Sauerstoff mischen und verbrennen kann.

Den Brennstoff liefern die Wachsmoleküle. Das sind winzige Ketten aus Kohlenstoff- und Wasserstoffatomen. Der Docht zieht die geschmolzenen Wachsmoleküle nach oben. Bei steigenden Temperaturen lösen sie sich als Gas von dem dünnen Faden, ihre Molekülketten brechen in immer kleinere Bruchstücke auf.

In dem Gas breitet sich der leichte Wasserstoff am schnellsten aus. Er verbindet sich mit Sauerstoff zu Wasserdampf. Bei dieser chemischen Reaktion entsteht viel Wärme, die die Verbrennung aufrechterhält. Der Kohlenstoff reagiert in der Nähe des Dochts nur teilweise mit Sauerstoff zu Kohlendioxid. Weiter oben erreicht das Feuer dann über 1000 Grad Celsius. Dort werden Kohlenstoffpartikel bis zur Weißglut erhitzt, die Flamme erhält ihr charakteristisches Licht.

Der Verbrennungsprozess lebt vom ständigen Nachschub gasförmiger Wachsmoleküle und deren Aufspaltung in kleine Partikel. Ein Engpass ist der Docht. »Wenn wir blasen, werden die heißen Gase der Flamme vom Docht weggeweht«, sagt Michael Matthäi, Chemiker und Kerzenexperte bei der Firma Sasol Wax in Hamburg. »Dadurch sinkt die Temperatur.« Das verdampfende Kerzenwachs wird zu kalt, um von sich aus weiterzubrennen. Nach leichtem Pusten ist daher kurzzeitig ein dünner Rauchfaden sichtbar, bei einem heftigen Windstoß geht die Flamme aus. Ein Kaminfeuer dagegen könnte selbst ein Riese nicht ausblasen.

Der Verbrennungskreislauf der Kerze lässt sich auch anders unterbrechen. Indem man etwa den Docht abklemmt oder die Kerze in einem luftdicht geschlossenen Behälter brennen lässt. Dann geht die Flamme irgendwann an Sauerstoffmangel zugrunde.

Warum glänzen Christbaumkugeln?

Das Wetter lässt in unseren Breiten immer seltener weihnachtliche Stimmung aufkommen. Weil draußen kein Schnee liegt, werden Innenräume und Schaufenster mit bereiften Tannenzweigen, Kunstschnee und weißen Sternen dekoriert. Weihnachtsstimmung kehrt vielerorts aber erst ein, wenn Christbaumkugeln an den Zweigen hängen. Kinder betrachten sie mit glänzenden Augen. Wie Schmuckstücke.

Klassische Christbaumkugeln werden aus Glas gefertigt. Das ist transparent. Allerdings geht nicht alles Licht hindurch. Wenn Licht auf irgendein Material trifft, dringt ein Teil davon in das neue Medium ein, ein Teil wird an der Oberfläche reflektiert. Auch eine Fensterscheibe ist nicht ganz durchsichtig. Schaut man senkrecht darauf, wirft die Scheibe ein paar Prozent des Lichts zurück. Jeder kennt den Effekt: Wenn es draußen dunkel ist, reicht dieses wenige Licht aus, um das eigene Spiegelbild im Fenster zu sehen.

Bei Christbaumkugeln wird das Glas mit einem stark reflektierenden Material präpariert: mit Silber. Das Silber liegt als dünner Film auf der Innenseite der Kugel. Ist die Silberschicht glatt genug, wirft sie das ankommende Licht nicht ungeordnet in alle Richtungen zurück, sondern so regelmäßig, dass sich ein getreues Abbild ergibt. Die Kugel spiegelt. Und da sie nach außen gewölbt ist, sieht man auf ihr ein verkleinertes Bild des ganzen Raumes.

»Bei der Herstellung kommen Silbersalze in die Glaskugel«, sagt Tobias Müller, Chemiker bei der Firma Creavac in Dresden. »Dann gibt man durch die Öffnung eine Zuckerlösung hinzu und schwenkt die Kugel.« Der Zucker setzt eine chemische Reaktion in Gang. Er gibt gerne Elektronen ab, die die Silber-Ionen an sich binden. Auf diese Weise wird metallisches Silber aus dem Salz abgeschieden. Es überzieht rundum die Glasfläche. Den Rest der Flüssigkeit schüttet man weg und lackiert die Christbaumkugel von außen.

Müller und seine Kollegen haben ein neues Herstellungsverfahren entwickelt. Dabei wird die Glaskugel kurzzeitig zur Glühbirne: Aus einem heißen Glühdraht verdampft Silber und schlägt sich als hauchdünner Belag auf der Innenseite der Kugel nieder. Auf dieselbe Weise lässt sich auch die gewünschte Farbe von innen aufbringen. Alles in einer Vakuumkammer. »So spart man Silber, und es bleiben keine Abfälle zurück.«

Warum nadelt der Weihnachtsbaum?

Es ist ein botanisches Trauerspiel. Jedes Jahr kurz nach dem Weihnachtsfest bevölkern sie die Bürgersteige. Eben noch reich geschmückt, finden sich Picea pungens, die Blaufichte, und Abies alba nordmanniana, die dunkelgrüne Nordmanntanne, unversehens vor der Haustür wieder. Zum Abschied haben sie schnell noch ein paar Nadeln über dem Teppich abgeworfen. War doch Zeit, oder?

Der Baum nadelt. Früher oder später. Im Weihnachtszimmer trocknet er unweigerlich aus.

Eigentlich sind Nadelbäume gegen den Verlust von Feuchtigkeit gut geschützt. Anders als Laubbäume haben sie keine Blätter mit großer Oberfläche, über die viel Wasser verdunsten kann. Ihre langen, dünnen Nadeln sind obendrein mit einer Wachsschicht überzogen. Auch das drosselt die Verdunstung.

Trotzdem wirft die Lärche jeden Herbst alle Nadeln ab, um im Winter, wenn der Boden gefroren ist, das wenige gespeicherte Wasser nicht nach außen zu verlieren. Die Kiefer lässt im August oder September nur einen Teil ihrer Nadeln fallen. Sie kommt, wie viele andere Nadelbäume, mit grünem Kleid durch den Winter – was den Vorteil hat, dass sie weiterhin Fotosynthese treiben und Kohlenstoff einlagern kann. Weihnachtsbäume wie Blaufichte oder Nordmanntanne behalten ihre Nadeln bis zu sieben Jahre lang. Während einer langsamen, kontinuierlichen Rundumerneuerung tauschen sie alte Nadeln gegen neue aus, ähnlich wie wir unser Kopfhaar in einem Zyklus von vier bis sechs Jahren komplett erneuern.

Im weihnachtlichen Wohnzimmer dagegen werfen sie ihre

Nadeln aus blanker Not ab. »Die Luft im Zimmer ist im Winter warm und trocken und kann viel Wasser aufnehmen«, sagt Kurt Zoglauer, Pflanzenphysiologe an der Berliner Humboldt-Universität. An einen solchen Sog ist der Baum nicht angepasst. »Der Wasservorrat im Stamm und in den Zweigen nützt ihm da wenig, und über die Wurzeln kann nichts mehr nachgeliefert werden.« Er vertrocknet erbärmlich, die toten Nadeln fallen oder brechen ab. Vor allem, wenn er schon zuvor lange herumgestanden hat. Dann ist bereits Luft in seine Leitungsbahnen gelangt, er nimmt auch von unten kein Wasser mehr auf. Es sei denn, man schneidet den Stamm – ähnlich wie bei Rosen – tief an.

Dass man die Nadeln schließlich überall findet, liegt an ihrer ungeheuren Menge. Ein Gärtner aus Braunschweig hat sie gezählt. Er stellte eine 2,20 Meter hohe Fichte in seinen Schuppen und wartete. Er wartete, bis die Fichte all ihre Nadeln abgeworfen hatte. Ab und an half er mit ein bisschen Schütteln nach. Als der Baum schließlich kahl war, zählte er 1000 Nadeln ab und wog sie mit einer Briefwaage. Dann kehrte er sämtliche Nadeln zusammen, ließ sie wiegen und errechnete so ihre Zahl: 2 800 130 Nadeln.

Expeditionen

Warum nicken Hühner beim Laufen?

Manchmal rast das Leben nur so an mir vorbei. 10 Uhr 21: Bielefeld. 10 Uhr 48: Hamm. 11 Uhr 22: Hagen. Felder, Kühe, Strommasten. Ich schaue aus dem Fenster eines ICE, fasse eine nahe Dorfkirche ins Auge und folge ihr eine Weile mit dem Blick, ehe meine Aufmerksamkeit zum nächsten Objekt springt. Der ruckartigen Drehung des Augapfels geht eine langsame Augenbewegung voraus. Ohne sie würde sich das Bild der Kirche ständig auf der Netzhaut verschieben. Es würde unscharf.

Das Huhn sieht sich mit einem ähnlichen Problem konfrontiert wie wir beim Zugfahren. Ihm ist die gemächliche Gangart auf der Wiese beinahe schon zu schnell. Hat das Huhn ein paar Samen oder heruntergefallene Früchte im Blick, kann es diese kleinen, nahen Objekte selbst beim langsamen Vorwärtsschreiten nicht gut festhalten. Jedenfalls nicht durch ein Rollen der Augen, denn diese sind vergleichsweise starr und sitzen an der Seite.

Dieses Manko gleicht das Huhn durch entsprechende Bewegungen des Kopfes aus. »Beim Laufen lässt das Huhn seinen Kopf einen Moment im Raum stehen«, sagt Reinhold Necker, emeritierter Tierphysiologe der Ruhr-Universität Bochum. »So kann es kleine, ruhende Objekte besser sehen.« Während sich der übrige Körper weiterbewegt, bleibt der Kopf zunächst an Ort und Stelle, das Bild auf der Netzhaut ist stabil. Erst dann schnellt der Kopf nach vorne, um ein neues Objekt zu fixieren. Dabei kommt dem Huhn sein beweglicher Hals zugute, der mehr als doppelt so viele Wirbel hat wie der des Menschen.

Die merkwürdige Gangart ist neben Hühnern auch Tauben, Elstern oder Krähen zu eigen. Dagegen fallen Möwen, Enten, Gänse und viele andere Vögel nicht durch ein ständiges Kopfnicken auf. Allen Vögeln ist gemein, dass sie ziemlich gute Augen haben. Wer viel fliegt, kann sich auf den Geruchssinn kaum und auch auf das Gehör manchmal nur wenig verlassen. Vogelaugen sind daher vergleichsweise groß.

Ein hervorstechendes Beispiel ist das Adlerauge. Wie andere Greifvögel mit nach vorne gerichteten Augen nimmt der Adler die Beute aus der Ferne wahr und stürzt dann darauf zu. Das Huhn dagegen läuft pickend durch die Welt. Um das Naheliegende zu sehen, muss es den Kopf zwischendurch immer wieder ruhig halten.

Warum heben Hunde beim Pinkeln das Bein?

Der Mensch braucht frische Luft und geht gerne mit dem Hund spazieren. Der bleibt alle naselang stehen und steckt selbige in alles Mögliche hinein. Begegnet der Hund einem Artgenossen, beschnuppern sie sich ungeniert. Menschen dagegen bleiben unter ihresgleichen artig auf Distanz und mustern sich mit den Augen, denn: Menschen können sich nur in Ausnahmefällen riechen.

Das liegt an unserer vergleichsweise schlechten Nase. Unsere Riechschleimhaut hat eine viel kleinere Oberfläche als die des Hundes und ist mit nur fünf Millionen Geruchssinneszellen ausgestattet gegenüber 200 bis 220 Millionen beim Hund. Entsprechend sind beim Hund größere Bereiche des Gehirns damit beschäftigt, Gerüche zu verarbeiten und mit einer internen Duftdatenbank zu vergleichen. Sein Geruchsspektrum ist viel breiter als das des Menschen.

Die Spürnase hat er vom Wolf geerbt. Wölfe leben im Rudel und jagen Beutetiere über große Strecken, bis diese ermüden. Die Jagd beginnt damit, dass das Rudel eine Fährte aufnimmt. Um entscheiden zu können, ob sich eine Jagd lohnt, ist es unerlässlich, beizeiten festzustellen, welches Tier wann und wo vorbeigekommen ist.

Die Hundenase dient auch der Kommunikation. Sobald Rüden geschlechtsreif sind, heben sie beim Pinkeln das Bein. Sie markieren auf diese Weise ihr Revier. Innerhalb ihres Kernreviers geben sie ihre duftende Visitenkarte oft an denselben Stellen ab.

Mit gehobenem Bein erreichen sie die Nasenhöhe potenzieller

Rivalen und weisen darauf hin: Ich bin groß. Außerdem verteilen sie die chemischen Signalstoffe dadurch weiter. Noch stärker werden diese verstreut, wenn der Hund anschließend scharrt. Auch die Kratzspuren sind dann für die Artgenossen deutlich erkennbar.

Bei Wölfen zeuge das Heben des Beins zudem von einem gehobenen sozialen Status, erklärt der Wolfs- und Hundeexperte Günther Bloch von der Hunde-Farm »Eifel«. Rangniedere Wölfe heben aufgrund ihres Sozialstatus nicht das Bein, während ihre ranghöheren Eltern das sehr wohl tun.

Bei Hunden beobachtet man manchmal ein anderes Phänomen: dass nämlich auch Weibchen beim Pinkeln hoch hinauswollen. »Ranghohe Weibchen heben ihren Hinterlauf mitnichten selten«, sagt Bloch. »Sie demonstrieren Selbstbewusstsein oder – was auch sehr wichtig ist – markieren über die Pinkelstellen der Rüden, um Zusammengehörigkeit zu bekunden.« Das rituelle Markieren könne durchaus auch Ausdruck einer Bindung sein.

Warum fallen Wolken nicht vom Himmel?

Wolken wandern über die Stadt, der Regen bleibt aus. Kein Tropfen. Das Wasser hält sich am Himmel. Tonnenweise. Dabei zieht die Schwerkraft jedes einzelne Tröpfchen nach unten. Sollte die Wolke nicht als Ganzes runterkommen, sobald sie sich gebildet hat?

Tatsächlich fallen fast alle Wolkentröpfchen nach unten. Nur selten, etwa bei starken Gewitterwolken im Sommer, ist der Aufwind so stark, dass sie aufsteigen, in immer kältere Regionen gelangen, gefrieren und irgendwann womöglich als Hagelkörner niederprasseln. In der Regel sinken die Tröpfchen. Allerdings: ohne dass wir es merken.

Wolken entstehen, wenn Feuchtigkeit in kältere Schichten der Atmosphäre getragen wird. Die kalte Luft ist im Gegensatz zu warmer sehr rasch mit Wasserdampf übersättigt. Unter diesen Umständen lassen sich Wassermoleküle gerne auf Oberflächen nieder und bilden darauf winzige Tröpfchen. In der Luft bleiben die Wassermoleküle bevorzugt an kleinen Keimen haften, zum Beispiel an Staub- oder Salzpartikeln, an Schwefel- oder Rußteilchen. Die darauf heranwachsenden Tröpfchen haben zunächst kaum mehr als ein Hundertstel Millimeter Durchmesser. Sie fallen entsprechend langsam.

»Wolkentröpfchen bewegen sich mit einer Geschwindigkeit von nur etwa einem Zentimeter pro Sekunde nach unten«, sagt Heini Wernli, stellvertretender Leiter des Instituts für Physik der Atmosphäre an der Universität Mainz. In einer Stunde legen sie nicht einmal 100 Meter zurück. »Das ist so wenig, dass wir ihre Abwärtsbewegung vom Erdboden aus nicht sehen.«

Nichtregenwolken scheinen zu schweben. Sie ziehen langsam weiter und können irgendwann in eine wärmere oder trockenere Umgebung gelangen, in der die Wassertröpfchen wieder verdunsten. Dann löst sich die Wolke auf.

Wenn jedoch aufgrund der Wetterlage immer mehr Feuchtigkeit von unten nachgeliefert wird, verdunsten weniger Tropfen als neue hinzukommen. Auch die schon vorhandenen können nun wachsen. Erst von einer gewissen Größe an fallen sie zu Boden. Es regnet.

Je nach Feuchtigkeit und nach der Zahl der Staub- oder Salzpartikel in der Luft entstehen viele kleine oder wenige große Regentropfen. Mal nieselt es, mal kommt der Regen als kräftiger Guss. In Brasilien haben Forscher erbsengroße Regentropfen beobachtet. Fette Tropfen mit bis zu einem Zentimeter Durchmesser können sich jedoch nicht lange halten. In den meisten Fällen sind sie so instabil, dass sie auf dem Weg nach unten bei Zusammenstößen mit anderen Tropfen oder Partikeln zerfallen. Platzregen.

Warum grollt der Donner?

Im Sommer brauen sich vor allem in den Abendstunden Gewitterwolken zusammen. Sie ziehen an schwülen Tagen heran, wenn feuchte, warme Luft aufsteigt. Der Himmel verdunkelt sich, aus der Ferne erreicht uns ein dumpfes Grollen.

Jeder Blitz ist mit Donnergeräuschen verbunden. Die Energie, die im Blitz steckt, heizt die Luft rund um den Blitzkanal bis auf 30 000 Grad Celsius auf. Es entsteht ein Überdruck, der sich wellenartig in alle Richtungen ausbreitet. Diese Druckschwankungen sind nichts anderes als Schallwellen.

Sie pflanzen sich nicht so schnell fort wie das Blitzlicht. Die Schallgeschwindigkeit wird durch die Beweglichkeit der Luftmoleküle begrenzt. Sie ist mit etwa 340 Metern pro Sekunde viel geringer als die Geschwindigkeit des Lichts, das sich mit zirka 300 000 Kilometern pro Sekunde ausbreitet. Nach einem fernen Blitz hört man den Donner daher erst Sekunden später. Bei drei Sekunden Differenz ist das Gewitter etwa einen Kilometer weit entfernt. Da der Blitz selbst kilometerlang sein kann, rauscht der Schall allerdings aus verschiedenen Höhen und somit aus unterschiedlichen Abständen heran. Er dehnt sich zu einem länger anhaltenden Grollen.

Kommt das Gewitter näher, verringert sich der Zeitabstand zwischen Blitz und Donner. Der Donner ist dann auch nicht mehr so dumpf. Stattdessen ist die Gewitterarie plötzlich auch in höheren Tönen zu hören. Je näher der Blitz, umso mehr kracht's.

In Kinofilmen wird die Illusion großer Nähe oft durch ein Anheben der Lautstärke bei den hohen Tönen erzeugt, also im oberen Frequenzbereich. Der Tonmeister kennt die Dämpfung der Schallwellen: Schall wird mit zunehmendem Abstand vom Entstehungsort immer schwächer. Die Schallenergie wird dabei letztlich in Wärme umgewandelt, die Verluste sind jedoch nicht gleichmäßig über alle Tonhöhen verteilt.

»Die hohen Frequenzen werden in der Luft viel stärker gedämpft als die tiefen«, sagt Joachim Feldmann vom Institut für Technische Akustik an der Technischen Universität Berlin. Deshalb dringt vom fernen Gewitter nur das tiefe Donnergrollen an unser Ohr. »Auch von einer Freiluftveranstaltung hören wir nur noch die Bässe, wenn wir weit weg sind.« Besonders beeindruckend sind die tiefen Töne eines Alphorns. Sie schallen je nach Landschaft bis zu zehn Kilometer weit.

Warum kommt der Wurm bei Regen an die Oberfläche?

Wenn sich andere im Frühjahr in die Sonne setzen, verkrieche ich mich in meine Höhle. Ich habe Heuschnupfen, bin allergisch gegen Hasel-, Erlen-, Birken-, Pappel- und andere Pollen, schließe Fenster und Türen, bleibe tagelang drinnen und bekomme trotzdem feuchte Schleimhäute. Ein echtes Wurmgefühl!

Dann ein Regenschauer. Sofort verlasse ich mein Loch – bei einem Wetter, bei dem ich draußen mit Sicherheit niemandem begegne. Außer ihm: dem Regenwurm. Was den wohl ins Freie treibt? Bei mir sind es die laufende Nase und feuchte Augen. Der Wurm aber hat keine Nase und keine Augen, er besitzt weder Ohren noch Lungen noch sonst irgendetwas, was in unserer Welt zur Standardausstattung zu gehören scheint. Er ist nackt. Und wenn ihn eine Amsel sieht, wird er in die ewigen Jagdgründe eingehen. Warum schleicht er sich nicht zurück in seine Röhre?

Der Regenwurm lebt in der Unterwelt. Sein Körper ist ein Muskelschlauch, seine Haut glatt und immer feucht. Über sie atmet er und tauscht Gase mit der Umgebung aus. Eine Schleimschicht schützt ihn davor auszutrocknen.

Im Boden legt er Gänge an, in denen er seine Nahrungsmittelvorräte kompostiert. Er verklebt Blatt- und Pflanzenreste miteinander und schafft so einen Lebensraum für Pilze und Bakterien, die seine Speise vorverdauen. Der zahnlose Wurm frisst das verrottete Material und scheidet stickstoff-, phosphor-, kalium-, kurz: nährstoffreiche Erde aus. Sein Kot ist kostbarer Humus. »Es ist wohl wunderbar, wenn wir uns überlegen, dass die ganze Masse des oberflächlichen Humus durch den Körper des Regenwurms hindurchgegangen ist«, schrieb der Evolutionsbiologe Charles Darwin 1881.

Wenn es regnet und die Wohnröhre feuchter wird, werden die Kompostierhelfer aktiver. Pilze und Bakterien verbrauchen dann eine Menge Sauerstoff, der dem Wurm womöglich fehlt. Laufen seine Gänge voll Wasser, könnte der Sauerstoffmangel sogar bedrohlich werden.

Heinz-Christian Fründ erscheint es jedoch wahrscheinlicher, dass der Wurm aus anderem Grund nach oben kommt. »Er kann nur bei Regen auf Wanderschaft gehen«, sagt der Bodenbiologe der Fachhochschule Osnabrück. Trockenheit und UV-Strahlung verträgt er nicht. »Deshalb nutzt er die günstige Gelegenheit zur Partnersuche und um sich neue Territorien zu erschließen.«

Da Regenwurmpopulationen gerne zusammenbleiben, weil jeder von der Bodenaktivität des anderen profitiert, sind die Aussichten auf ein Stelldichein gut. Draußen trifft man sich eher als im beengten Untergrund. Der Fall der Regentropfen könnte ein verabredetes Klopfzeichen für eine oberflächliche Beziehung sein. Für ein kleines Worming-up.

Warum wird man bei Regen weniger nass, wenn man rennt?

Der Mensch war lange Zeit mehr Gejagter als Jäger. Das hat sich zum Glück geändert. Schon seit vielen Hunderttausend Jahren lässt er sich kaum aus der Ruhe bringen. Es sei denn, es regnet. Dann fängt er an zu rennen. Dank seiner fortgeschrittenen mathematischen Kenntnisse kann sich Homo sapiens inzwischen sicher sein, dass er damit instinktiv das Richtige tut. Läuft er schnell zum nächsten Unterstand, wird er nicht so nass.

Ein Regenguss trifft ihn in der Regel von zwei Seiten. Das Wasser fällt ihm nicht nur auf den Kopf, er sammelt es auch mit seiner Frontpartie ein. Die Geschwindigkeit, mit der er sich fortbewegt, spielt dabei eine wichtige Rolle. Für die Vorderseite zwar nicht, denn die fängt auch bei einem Sprint weiterhin all die

Regentropfen ein, die zwischen dem eigenen Körper und dem Ziel liegen, nur eben in kürzerer Zeit. Der Kopf aber kriegt weniger von oben ab, wenn er dem Regen nicht so lange ausgesetzt ist. Das Fazit lautet daher: Je schneller, desto trockener.

Diese einfache Formel gilt jedoch nicht immer. Sie ist zwar richtig, wenn Windstille herrscht. Bläst der Wind dagegen kräftig von hinten, ist die Lage nicht mehr so leicht einzuschätzen. »In dieser Situation ist es am besten, etwa mit Windgeschwindigkeit zu laufen«, sagt der Mathematiker Guido Büttner, der sich diesem Problem im Zuge einer Lehrerfortbildung an der Technischen Universität Berlin gewidmet hat. »Läuft man zu langsam, kriegt man viel Regen von oben und von hinten ab.« Läuft man dagegen deutlich schneller als der Wind, bleibt zwar der Kopf trockener, aber die Frontpartie wird unnötig nass. Wegen unseres verhältnismäßig kleinen Kopfes ist das nahezu optimale Lauftempo in diesem Fall die Windgeschwindigkeit.

Es kann aber auch unter ganz anderen Umständen von Vorteil sein, bei Niederschlag nicht zu schnell zu laufen. Dann nämlich, wenn es an einem warmen Sommertag nicht in Strömen gießt, sondern nur ganz leicht nieselt. Während man gemächlich geht und mit dem Fieselregen Feuchtigkeit aufnimmt, verdampft ein Teil davon bereits wieder. Prescht man hingegen überstürzt los, dringt in kürzerer Zeit viel mehr Regen in die Kleidung ein, sie wird feuchter. Homo sapiens macht auch hier instinktiv das Richtige: Wer fängt schon bei einem Sommerregen an zu laufen!

Warum schleimen Schnecken?

Spucke kann tödlich sein. Jedenfalls für Bakterien. Etliche Mikroben werden schon im Mund, an der Eingangspforte unseres Körpers, von Enzymen im Speichel abgefangen, die die Zellwände der Eindringlinge zerstören.

Auch die Schnecke schützt sich mit ihrem Schleim vor Krankheiten. Sie sondert ein antibakterielles Sekret ab, das den ganzen Körper feucht hält. Dazu muss sie viel Wasser aufnehmen. Nur wenn es draußen nicht zu warm und nicht zu trocken ist, kann sie genügend Schleim erzeugen und sich auf Wanderschaft begeben.

Der Kriechgang der Schnecke zählt zu den energieaufwendigsten Fortbewegungsarten im Tierreich. Den meisten Schleim benötigt die Schnecke nämlich, um vorwärtszukommen. Sie produziert ihren eigenen Straßenbelag, ein phantastisches Gel, das seine physikalischen Eigenschaften je nach Belastung verändert: mal ist es Klebstoff, mal Gleitmittel.

Im Schneckenschleim sind große Zuckermoleküle durch Eiweißstoffe miteinander verbunden. Die Mischung ist zäh, was so manchen Vogel davon abhält, zuzupicken und sich an dem schleimigen Weichtier den Schnabel zu verkleben. Aber je nachdem, welche Kräfte auf das Gel wirken, bricht die Mikrostruktur auf.

»Der Schleim wird unter Scherspannung flüssig«, sagt Markus Pfenninger, Zoologe an der Universität Frankfurt. Sobald Muskelkontraktionen wellenartig von hinten nach vorne durch den Schneckenkörper laufen und das Körpergewicht nach vorne schieben, entsteht ein glitschiger Film, auf dem ein Teil des Schneckenfußes gleiten kann. Wo die Kräfte weniger stark sind, haftet der Fuß weiterhin sicher am Untergrund. »Dadurch kann die Schnecke auch an glatten Wänden hochlaufen.«

Für das sprichwörtliche Schneckentempo gibt es einen guten Grund: Die Herstellung des Schleims ist so aufwendig, dass jeder Zentimeter wohlüberlegt sein will. Manche Schnecken bewegen sich in ihrem ganzen Leben nur zwei oder drei Meter vom Geburtsort weg, andere legen schon mal 20 Meter pro Stunde zurück – wenn sich ein solcher Zwischenspurt lohnt.

Die Schnecke rutscht gerne in der Schleimspur eines Vorgängers. So findet sie besonders rasch einen potenziellen Partner. Der Weg ist mit Erkennungsstoffen markiert, denn keine Schnecke kann es sich leisten, artfremden Wesen hinterherzuschlittern. Eine Nacktschnecke, die einer Weinbergschnecke folgen würde, würde wertvolle Reserven vergeuden. Schnecken schleimen sich daher bei ihrer Gefolgschaft ein. Wer sich zuerst bewegt, scheidet aus.

Warum hechelt der Hund?

Fußballer können bei einem Spiel mehr als zwei Liter Schweiß verlieren. Beim Sport und in vielen Alltagssituationen ist Schwitzen unverzichtbar, um überschüssige Wärme abzugeben. Die produziert unser Körper ständig. Die verträglichen 37 Grad Celsius wären schnell überschritten, besäßen wir nicht ein ausgedehntes Kühlsystem.

Es besteht aus einigen Millionen Schweißdrüsen, die ungleichmäßig über die Haut verteilt sind. Sie sondern eine salzige Flüssigkeit ab. Wenn der Flüssigkeitsfilm verdunstet, verlassen warme, schnelle Wassermoleküle die Oberfläche und nehmen Energie mit – der Körper kühlt ab. Durch das Schwitzen schützt er sich vor Überhitzung.

Im Gegensatz zum Menschen haben Hunde fast keine Schweißdrüsen. Sie geben lediglich über ein paar Schweißdrüsen unter ihren Pfoten Feuchtigkeit und mit ihr Duftstoffe ab, mit denen sie ihren Artgenossen mitteilen: »Hier bin ich langgelaufen.«

Trotzdem kühlen auch sie ihren Körper über die Verdunstung von Wasser. Dazu dient ihnen nicht die gesamte Hautoberfläche, sondern nur das Maul. Sie lassen ihre lange Zunge heraushängen und beginnen zu hecheln, wobei ihre Schleimhäute bis hinunter zur Luftröhre und zur Lunge Feuchtigkeit abgeben. Die Atemfrequenz steigt stark an: von 30 bis 60 Zügen pro Minute auf bis zu 300 Züge. So können Luftfeuchtigkeit und Wärme rasch abtransportiert werden.

Auch bei Hunden gilt: Große und Dicke schwitzen mehr. Ein Bernhardiner sabbert ständig, denn sein Fettpolster lässt nur wenig Körperwärme raus. Dieser Hund gehört eigentlich in die Berge, gerade für ihn kann es im Sommer unerträglich heiß werden. An schwülen Tagen verhindert nämlich die mitunter hohe Luftfeuchtigkeit eine gute Verdunstung. Während der Schönwetterperioden kommt es immer mal wieder zu Todesfällen durch Überhitzung, wenn Hunde zu lange im parkenden Auto in der prallen Sonne alleine gelassen werden.

»Der Hund hechelt aber nicht nur zur Thermoregulation, sondern auch bei Aufregung und Stress«, sagt Franziska Kuhne vom

Institut für Veterinär-Physiologie der Universität Gießen. »Dann produziert er mehr Speichel und hat eine höhere Atem- und Herzfrequenz.«

Das Hecheln ist im Tierreich weitverbreitet. Man kann es auch bei Vögeln beobachten. Sie besitzen ebenfalls keine Schweißdrüsen und atmen bei Hitze mit offenem Mund.

Warum können Pflanzen Asphalt durchbrechen?

Wenn man Gäste zum Essen erwartet, sollte man den Salat nicht zu früh anmachen. Sonst fallen die Salatblätter in sich zusammen. Sie werden schlaff. Die Pflanzenzellen reagieren damit auf ein ungewohntes Milieu. Was in sie hinein- und was hinausgelangt, regeln sie über eine dünne Membran. Diese Zellwand lässt wertvolle Salze und andere Stoffe nicht hinaus, Wasser dagegen kann ungestört passieren.

Kommen die Salatblätter mit einer salzhaltigen Salatsoße in Berührung, verlieren ihre Zellen den Saft. Plötzlich ist der Salzgehalt außen höher als innen. Um dieses Konzentrationsgefälle auszugleichen, fließt Wasser durch die Membran nach draußen und geht der Pflanze verloren.

Die meisten Pflanzen vertragen weder Salatsoße noch Salzwasser. Ein Regenguss dagegen freut sie. In Gegenwart von Wasser saugen sie sich voll. Wenn die Salzkonzentration im Innern der Zellen höher ist als außen, strömt das Wasser in die gewünschte Richtung. Bis die Zellen prall gefüllt sind.

»Damit steigt auch der Druck in der Pflanze«, sagt Thomas Stützel, Direktor des Botanischen Gartens der Ruhr-Universität Bochum. »Dieser osmotische Druck kann sehr hoch werden: bis zu 15 bar.« Ein erstaunlich hoher Wert, wenn man bedenkt, dass man einen Autoreifen mit nur zwei bar aufpumpt.

Bäume und deren Wurzeln können dank des Drucks in ihren Zellen Fundamente von Häusern in Gefahr bringen. Und selbst ein kleiner Löwenzahn, der in Saft und Kraft steht, ist in der Lage, durch den Asphalt ans Licht vorzustoßen.

Asphalt ist allerdings auch kein besonders fester Belag. Ein Bindemittel, das aus Erdöl gewonnen wird, hält die Mischung aus Splitt, Sand und feinem Gesteinsmehl zusammen. Dieses Bitumen verhärtet mit der Zeit, der Asphalt wird spröde. Wenn Feuchtigkeit in den Belag eindringt, können sich Bindemittel und die übrigen Stoffe auch schon früher chemisch voneinander trennen. Der Asphalt quillt, es entstehen Risse.

Außerdem verformt sich Straßenasphalt durch Wärme. Tagsüber heizt ihn die Sonne auf, nachts kühlt er ab und zieht sich zusammen. Auch so entstehen winzige Hohlräume und Spalten, in die sich ein Sprössling hineinzwängen kann. Millimeter für Millimeter wächst er nach oben. Irgendwann ist er durch.

Selbst in Wasserrohre dringen Pflanzen ein. Das passiert zwar nicht oft, weil auch sie den Weg des geringsten Widerstands suchen. Aber genügend Kraft dazu hätten selbst kleine Erbsenwurzeln, sagt Stützel. »Sie wachsen durch alle gängigen Dichtungssysteme.«

Warum mäandern Flüsse?

Albert Einstein war ein leidenschaftlicher Segler und mäanderte wie kaum ein anderer durch die Welt der Forschung. Er wunderte sich immer wieder über einfache Dinge. Was mit alltäglichen Erfahrungen begann, mündete nach intensiven Studien manchmal in neue wissenschaftliche Theorien ein.

Wie es heißt, wollte die Ehefrau seines Physikerkollegen Erwin Schrödinger eines Tages wissen, warum sich in einer Tasse die Teeblätter immer in der Mitte des Bodens sammeln, wenn man den Tee mit einem Löffel umrührt. Schrödinger selbst fiel dazu nichts Rechtes ein, Einstein dachte eine Weile nach und kam zu folgendem Ergebnis:

Der umgerührte Tee dreht sich in der Mitte der Tasse am schnellsten. Denn an den Wänden und am Boden »wird die Flüssigkeit durch die Reibung zurückgehalten«. Die Drehbewegung des Löffels und die dadurch hervorgerufene Zentrifugalkraft drücken den Tee gleichzeitig nach außen. Insgesamt ergibt sich daraus eine kreisförmige Strömung. Die Flüssigkeit fließt aus der Mitte zum Tassenrand, an den Wänden nach unten und über den Boden zurück zur Mitte, wo sie wieder aufsteigt. »Die Teeblättchen werden durch die Zirkulationsbewegung nach der Mitte der Tasse mitgenommen«, schrieb Einstein. Wegen ihres Gewichts bleiben sie schließlich in der Mitte der Tasse am Boden liegen.

Die Sache schien damit erledigt. Allerdings nicht für Einstein. Wie so oft zog er sich nach seinen Überlegungen mit den noch offengebliebenen Fragen zurück. »I will a little think«, sagte er in seinen späten Lebensjahren in derartigen Momenten.

Für den passionierten Segler war der gedankliche Sprung von der Teetasse zum Flussbett nicht weit. Auch in einem Fluss ist wegen der Reibung die Fließgeschwindigkeit am Boden geringer. Läuft das Wasser gegen die Außenseite einer Biegung, taucht es dort ab und fließt über den Boden zur Innenseite zurück. Auch hier entsteht also eine zirkulierende Strömung. Das äußere Ufer wird dabei regelrecht weggefressen, sein Material fortgespült. Es entsteht ein steiler Prallhang, das Wasser fließt dort immer schneller.

Wie Einstein feststellte, lagern sich auf der Innenseite des Knies hingegen mehr und mehr Sedimente ab, der Fluss wird dort noch langsamer. Auf diese Weise verstärken sich kleine Biegungen von selbst, sobald sich die Strömungsrichtung – etwa durch Widerstände wie Steine im Flussbett – einmal geändert hat. Natürliche Flüsse und Bäche fließen daher nicht schnurgerade, sie mäandern vielmehr durch die Landschaft. Und suchen sich immer neue Wege.

Warum haben Windräder drei Flügel?

Das Spektrum erscheint groß. Von einem einzigen Flügel bis zur amerikanischen Westernmill mit 30 Blättern aus gebogenem Blech wäre alles machbar. Die Wirklichkeit aber ist einförmig. Man sieht fast nur noch Windräder mit drei Flügeln.

Es wird blattsparend gebaut. Die mit Glas- oder Kohlefasern verstärkten Kunststoffflügel müssen einiges aushalten und sind teuer. Sie ähneln einer gewölbten Flugzeugtragfläche, die den Luftstrom teilt: An der einen Seite zieht die Luft schneller vorbei als an der anderen, so entsteht ein Sog und rückseitig ein Überdruck. Das gibt dem Flügel den gewünschten Auftrieb.

Am billigsten wäre es, man käme mit einem Flügel aus. Der Einblattrotor ist zwar nicht schön und braucht vergleichsweise starken Wind, um in Gang zu kommen. Dann aber kann er ausgesprochen flink werden. Das Hauptproblem ist die Stabilität. Es ist nicht damit getan, ein Gegengewicht zu dem Einzelflügel zu montieren, um die Anlage nicht zu stark zu belasten. Jedes Mal, wenn das Blatt unten am Turm vorbeiläuft, nimmt es wegen der sich dort stauenden Luft kurzzeitig weniger Energie auf – ein Ruck versetzt das Blatt in ungewünschte Schwingungen.

Zwei Flügel bringen keine Verbesserung. Wenn das eine Blatt unten ist und wenig Kraft erfährt, befindet sich das andere gerade an der höchsten Stelle, wo die Windgeschwindigkeit am größten ist, da diese mit zunehmendem Abstand vom Boden steigt. Der Kippeffekt wird also eher noch stärker.

Bei Rotordurchmessern von heute mehr als 100 Metern fällt die mit der Höhe variierende Windgeschwindigkeit ins Gewicht. »So eine Anlage schwingt wie ein Boot im leichten Seegang«, sagt Marc Petsche, Ingenieur in der Rotorblattentwicklung bei der Firma Repower, die Windenergieanlagen produziert. »Das wirkt sich bei nur einem oder zwei Flügeln besonders ungünstig aus. Drei Flügel sind da wesentlich besser.« Das Nickmoment ist hier besser über die Kreisscheibe verteilt, der Lauf ruhiger.

Die Blattfläche ließe sich auch auf mehr als drei, entsprechend schlankere Flügel verteilen. Sie müssten aber sehr stabil gebaut werden, um bei viel Wind nicht gegen den Turm zu schlagen. Und wären noch teurer. Außerdem kann man einen Rotor mit vielen Blättern nicht so schnell laufen lassen, weil sonst ein Flügel dem anderen den Wind wegnimmt. Der Nachfolger läuft immer durch die schwer kalkulierbaren Verwirbelungen, die der Vorgänger zurückgelassen hat. So bleibt's also beim Trio: Drei Blätter beeinträchtigen sich weniger.

Warum läuft ein Dieselmotor effizienter?

Noch vor 30 Jahren galt ein Auto mit Dieselmotor als lahme Ente. Heute fahren in Westeuropa mehr als die Hälfte der Pkws mit Diesel. Dieselmotoren sind wegen des geringeren Verbrauchs beliebter denn je.

Doch ob Diesel oder Otto – jede Verbrennung braucht zunächst einmal Sauerstoff. Der Kraftstoff muss sich mit Luft vermischen, ehe er entzündet werden kann. Ein Motor atmet daher. Wenn sich der Kolben senkt, saugt er Luft an, ähnlich wie eine Spritze durch den Unterdruck im Zylinder eine Flüssigkeit einzieht.

Beim Ottomotor wird dieser Luft der Kraftstoff sofort beigemischt. Um immer die richtige Zahl von Sauerstoffmolekülen mit den Benzinmolekülen zusammenzubringen und den Verbrauch gering zu halten, führt man der Luft das Benzin über computergesteuerte Düsen zu. Anschließend verdichtet der Kolben das Gemisch und eine Zündkerze setzt die Verbrennung in Gang. Die entstehenden Verbrennungsgase treiben den Kolben an, der das Auto über die Kurbelwelle in Fahrt bringt.

Ein Dieselmotor arbeitet anders. Er verdichtet die Luft bereits, bevor sie sich mit dem Kraftstoff vermischt. Um die gleiche Kraftstoffmenge zu verbrennen, benötigt er allerdings mehr Luft. Anders gesagt: Mit der gleichen Luftmenge kann der Ottomotor mehr Kraftstoff umsetzen. Er liefert eine entsprechend größere Leistung.

War der Dieselmotor früher nicht gerade spritzig, kommt er heute schneller auf Touren: durch die Zufuhr von genügend Luft, die zuvor in einem Turbolader verdichtet worden ist. Ihm bleibt längst nicht mehr die Luft weg. Mit der Regulierung der Luftzufuhr hängt auch sein geringerer Verbrauch gegenüber dem Ottomotor zusammen. Ein Dieselfahrzeug benötigt nämlich keine Drosselklappe, die die Luftmenge begrenzt, wenn das Auto, statt bei hohem Tempo über die Autobahn zu brausen, im Stadtverkehr fährt.

Im Stadtverkehr, technisch gesprochen: im »Teillastbetrieb«, wird bei jeder Zündung nicht die volle Kraftstoffmenge verbrannt, sondern nur ein gewisser Prozentsatz. Dann muss der Ottomotor seine Luftzufuhr drosseln, denn er ist im Gegensatz zum Dieselmotor immer auf dasselbe Kraftstoff-Luft-Verhältnis angewiesen. Dieses Engerstellen der Drosselklappe empfindet der Motor wie das Einatmen durch einen Schlauch, der weitgehend zugequetscht wird. »Für das Ansaugen der Luft bei eng gestellter Drosselklappe muss der Motor entsprechend mehr Arbeit aufwenden«, sagt Helmut Pucher, Leiter des Fachgebiets Verbrennungskraftmaschinen der Technischen Universität Berlin. »Das muss mit einem höheren Kraftstoffverbrauch bezahlt werden.«

Warum bricht die grüne Welle zusammen?

Ameisen haben Berufsverkehr. Sie brechen im Morgengrauen auf und kehren abends zurück. Ohne plötzlich die Spur zu wechseln. Auf Ameisenstraßen gibt es kaum Drängler. Bei ihnen geht es so diszipliniert zu wie in einem Schwarm, in dem sich Tausende Fische bewegen.

Die koordinierte Fortbewegung ist die beste Methode, Staus zu vermeiden. Im Straßenverkehr gelingt dies am ehesten mit intelligenten Ampelschaltungen, die eine Geschwindigkeit begünstigen. Dazu muss die Ampelphase »Grün« mit derselben mathematischen Präzision durch die hintereinander gereihten Ampeln laufen, wie der Kamm einer Wasserwelle durch einen Wellenkanal. Stehen die Ampeln zum Beispiel jeweils 625 Meter auseinander und durchlaufen sie alle anderthalb Minuten die Phasen Grün, Gelb, Rot, Rotgelb und wieder zu Grün, dann ergibt sich eine grüne Welle bei Tempo 50. Autofahrer können auf dieser Welle surfen, wenn sie sich an die Geschwindigkeit halten.

Leider werde in grünen Wellen oft viel zu schnell gefahren, sagt Werner Schnabel, Emeritus des Instituts für Verkehrsplanung und Straßenverkehr der Technischen Universität Dresden. An einer der nächsten Ampeln heißt es dann erneut: Anhalten! »Das kostet Kraftstoff und erhöht die Emissionen. Der Kraftstoffverbrauch in der Stadt hängt maßgeblich von der Zahl der

Halte ab.« Früher hätten Straßenschilder den Fahrern bei der Einfahrt in einen Straßenzug mit grüner Welle das richtige Tempo angezeigt. Heute seien solche Anzeigen selten.

Aber auch wer zu langsam fährt, kommt an einer der folgenden Ampeln zum Stehen. Es sei denn, er kann sich in die Sekundärwelle einfädeln: Bei einer Tempo-50-Welle gibt es eine parallele grüne Welle bei 17 km/h. Diese Geschwindigkeit ist allerdings höchstens für Radfahrer geeignet, für Busse und Straßenbahnen dagegen zu gering.

Die Interessen des öffentlichen Personennahverkehrs konkurrieren in der Stadt oft mit der grünen Welle für Pkw. Diese bricht auch zusammen, wenn Abbieger auf Fußgänger warten müssen oder wenn schlicht zu viele Fahrzeuge unterwegs sind. Dann kommen Pkw am Ende eines Pulks nicht mehr durch die Grünphase. Das Verkehrsaufkommen auf viel befahrenen Straßen wird deshalb mit Induktionsschleifen gemessen, Drahtschleifen in der Fahrbahn, die Fahrzeuge elektronisch registrieren. So lässt sich die Ampelschaltung an den Verkehr anpassen. An das Verhalten von Dränglern und Bremsern jedoch nicht.

Warum ist es in Städten wärmer als im Umland?

Die Amsel galt früher als typischer Waldbewohner. Die moderne Amsel jedoch fliegt auf Städte. Sie bleibt das ganze Jahr über dort. Während sich die Waldamsel im Winter meist in den Süden verzieht, schlägt sich die Stadtamsel in der Metropole durch. Im Frühjahr macht sie dann das Rennen, wie Ornithologen herausgefunden haben: Stadtamseln beginnen eher mit der Reproduktion. Sie brüten früher.

Die Stadt ist ein heißes Pflaster. Sie produziert nicht nur Wärme, vor allem speichert sie die tagsüber aufgenommene Sonnenwärme und gibt sie dann in der Nacht ab. In der Stadt sind die Nächte milder als im Umland, der Boden friert seltener, die Vegetationsperiode ist länger. All dies erleichtert der Stadtamsel das Überwintern.

»Die Stadt ist ein dreidimensionaler Akku aus Häuserblocks und Straßenunterbau«, sagt Wilfried Endlicher, Geograf, Klimatologe und Großstadtforscher an der Berliner Humboldt-Universität. »Tagsüber wird dieser Akku von der Sonne aufgeladen.« Beton, Ziegel, Asphalt und andere Materialien sammeln diese Wärme. Nachts wird sie von Straßen und Häuserwänden wieder abgestrahlt.

Wie stark sich die Stadt auflädt, hängt von ihrer Größe, der Dichte der Besiedlung und der jeweiligen Klimazone ab. An heißen Sommerabenden kann es in einer deutschen 100 000-Einwohner-Stadt sechs Grad wärmer sein als in der Umgebung. Und zwischen der Innenstadt Berlins und dem Umland hat man im Extremfall sogar Temperaturunterschiede von bis zu zehn Grad Celsius gemessen. »Im Jahresmittel sind es allerdings eher zwei bis drei Grad.«

Die städtische Bebauung bremst auch den Wind. In Innenstädten ist es des Öfteren völlig windstill. Bei verminderter Windgeschwindigkeit wird die Wärme nicht so gut abgeführt.

Auf die winterlichen Heizkosten des Städters wirkt sich das positiv aus, im Sommer genießen Nachtschwärmer die milden Temperaturen und sitzen leicht bekleidet in den Biergärten der städtischen Wärmeinsel.

Für ältere und kranke Menschen aber kann die Sommerhitze, vom Klimawandel weiter angefacht, unter Umständen unerträglich werden. Tropische Nächte, in denen das Thermometer nicht unter 20 Grad Celsius fällt und die Luftfeuchtigkeit hoch ist, sind für sie gefährlich. So verdoppelte sich während einer zweiwöchigen Hitzewelle im Sommer 1994 in Berlin plötzlich die Sterblichkeit.

Warum hängen Fledermäuse kopfüber an der Decke?

Für Fledermäuse ist die Jagdsaison im Herbst vorbei. Nun heißt es: einfach mal wieder abhängen. Mausohr und Fransenfledermaus suchen sich eine Felshöhle als Quartier, Abendsegler und Rauhautfledermaus verstecken sich in einer Baumhöhle. Fünf oder sechs Monate harren sie dort aus, kopfüber im Winterschlaf.

Sie halten sich mit den scharfen Krallen ihrer Hinterfüße nicht krampfhaft fest wie unsereins, wenn wir an einer Reckstange hangeln. Müsste die Fledermaus im Winterschlaf ständig ihre Muskeln anspannen, wäre ihr Energieverbrauch enorm. So viel Fett könnte sie sich gar nicht anfressen. Braucht sie aber auch nicht. Sie ist völlig entspannt.

»Dank spezieller Sehnen bleiben ihre Krallen auch ohne Muskelkraft gekrümmt«, sagt Frieder Mayer, Zoologe an der Universität Erlangen. So als wären sie arretiert. Die Fledermaus muss lediglich Kraft aufwenden, um die Halterung wieder zu lösen, weshalb selbst tote Tiere manchmal noch eine Zeit lang an der Decke hängen bleiben.

Die Hauptfortbewegungsart der Fledermäuse ist das Fliegen. »Anders als Flughörnchen oder Riesengleiter, mit denen sie nicht unmittelbar verwandt sind, haben die Fledermäuse im Laufe der Evolution gelernt, aktiv zu fliegen.« Als Säugetiere haben sie diese Fähigkeit vor 60 bis 65 Millionen Jahren erworben und sich auf die Insektenjagd spezialisiert.

Licht brauchen sie dazu nicht, denn sie sehen mit den Ohren. Ihr außergewöhnliches Ortungssystem hat die Fledermäuse berühmt gemacht. Sie stoßen Ultraschall-Laute aus, der Schall wird an Objekten in ihrer Umgebung reflektiert, kommt als Echo zurück und vermittelt ihnen einen akustischen Raumeindruck. Abstand, Größe und Gestalt von Hindernissen und Beutetieren haben sie bei ihren Nachtflügen stets »vor Ohren«. Ihr Jagdhorn bläst in den höchsten Tönen, in den schnell schwingenden Schallwellen machen sich winzige Insekten als Störungen bemerkbar. Manche Tiere fangen in einer Sommernacht mehrere Tausend Mücken.

Tagsüber verziehen sie sich in Felsspalten, Höhlen oder Festungen. An der Decke hängend, leben sie vergleichsweise sicher. So sind sie besser vor Räubern geschützt als auf dem Boden hockende Tiere. Und bei Gefahr müssen sie nicht gegen die Schwerkraft aufsteigen, sondern können sich einfach fallen lassen und sofort losfliegen.

Als Zweibeiner schauen wir verwundert auf die scheinbar verkehrte Welt der Fledermaus. Die Vorzüge einer baumelnden Existenz sind für uns nicht ohne Weiteres erkennbar. Doch selbst in puncto Hygiene bietet das Deckenleben Vorteile: Weil der Kot nach unten fällt, bleibt der Schlafplatz der Fledermaus immer sauber.

Warum wachsen Bäume nicht in den Himmel?

Der nächste Regen kommt bestimmt. Es ist ein ewiger Kreislauf. Die Atmosphäre nimmt ständig Wasser auf, weil Feuchtigkeit über den Meeren und Kontinenten verdunstet.

Ein besonders angenehmes, feuchtes Klima herrscht im Wald. Dort werde das Wasser aus dem Boden einfach durch die Pflanzen hindurchgezogen, sagt Ernst Steudle, Pflanzenökologe an der Universität Bayreuth. Die Verdunstung an den Blättern bewirkt einen Sog, der das Wasser über ein Röhrensystem im Holz nach oben holt. »Die Hauptmenge des aufgenommenen Wassers wird an die Atmosphäre weitergegeben und nicht weiter von der Pflanze genutzt.« So gibt eine 25 Meter hohe Buche mit einer Blattfläche von 1500 Quadratmetern an einem Sommertag 400 Liter Wasser an die Luft ab.

Die Pflanze ist bei alledem nicht passiv. Sie kann ihren Wasserhaushalt über die Wurzeln, das Leitungssystem und die verschließbaren Poren in ihren Blättern regulieren. Der starke Sog der Blätter ermöglicht ihr ein enormes Höhenwachstum. Der höchste lebende Küstenmammutbaum ist 113 Meter hoch, Eukalyptus-Arten werden ähnlich groß.

Bäume können den Wassertransport über große Strecken entgegen der Schwerkraft aufrechterhalten. Das liegt nicht zuletzt am guten Zusammenhalt der Wassermoleküle. In solchen Molekülen sind die elektrischen Ladungen asymmetrisch verteilt. Daher ziehen sich Wassermoleküle untereinander an. Sie halten hohen Zugspannungen und Saugkräften stand.

Manche Bäume befördern das Wasser durch den Unterdruck in ihrem Transportsystem in erstaunliche Höhen. Die Wasserleitung entgegen der Schwerkraft stößt jedoch irgendwann an ihre Grenzen. Wenn der Druck zu weit abfällt, ändert sich auch der Siedepunkt der Flüssigkeit so stark, dass sich Gasblasen im Wasser bilden, die den Fluss unterbrechen. Verschlechtert sich der Transport auf diese Weise, stellt der Baum das Höhenwachstum ein.

Laubbäume haben weite Gefäße, durch die Wasser binnen einer Stunde 20 Meter hoch aufsteigen kann. Die Gefäße der Nadelhölzer sind enger. Sie befördern Wasser nur mit einer Geschwindigkeit von einem Meter pro Stunde. Trotzdem sind die höchsten Laubbäume und Nadelhölzer etwa gleich groß. Ein Grund dafür könnten unterschiedliche Übergänge zwischen den Gefäßen sein. Bei Nadelhölzern setzen diese Ventile dem Wassertransport nur sehr wenig Widerstand entgegen.

Warum färbt sich das Herbstlaub?

Mein Büro liegt im vierten Stock. Es sind 96 Stufen bis zur gelben Tonne und zum blauen Altpapiercontainer. Ich frage mich, ob dieses ganze Recycling sinnvoll ist. Die Birke vor meinem Fenster signalisiert mit ihrem leuchtend gelben Herbstlaub ein klares Ja. Die Erle hält nicht viel von Recycling. Sie macht das Farbenspiel nicht mit.

Beide Bäume sehen im Herbst ziemlich alt aus. Während die Tage kürzer und das Wasser knapper werden, werfen sie Blatt um Blatt ab. Mit dem Unterschied, dass die Birke zuvor wertvolle, vor allem stickstoffhaltige Substanzen in den Blättern abbaut und in den Stamm transportiert. Sie speichert sie für den Winter und das kommende Frühjahr.

Keine Pflanze kommt ohne Stickstoff aus. Sie benötigt ihn hauptsächlich zur Herstellung von Proteinen. Ein großer Teil dieser Eiweiße in den Pflanzenzellen befindet sich in den Chloroplasten: kleinen chemischen Fabriken, die Wasser und Kohlendioxid in Zucker umwandeln.

Stickstoff gibt es reichlich in der Luft, doch Pflanzen können die gasförmigen Stickstoffmoleküle nicht knacken. Sie müssen ihn in anderer Form über die Wurzeln aus dem Boden aufnehmen, weshalb Felder und Äcker mit Stickstoff gedüngt werden.

Im Herbst holt sich die Birke den Stickstoff aus den Chloroplasten zurück, ehe sie sich vom Laub trennt. Dabei wird zuerst der grüne Blattfarbstoff abgebaut, das Chlorophyll. Nun kommen andere, vorwiegend gelbe Blattfarbstoffe zum Vorschein, die bis dahin überdeckt waren. Manche Pflanzen produzieren während dieser Zeit zusätzlich rote Farbstoffe, die sie vor dem energiereichen UV-Licht der Sonne schützen. So kann die Stickstoffrückgewinnung reibungslos vonstattengehen.

Das Blatt verfärbt sich nicht gleichmäßig. »Die Leitungsbahnen in den Blättern leben länger, damit die wiederverwertbaren Stoffe gut abtransportiert werden können«, sagt Karin Krupinska vom Botanischen Institut der Universität Kiel. Deshalb sind Herbstblätter oft schön gemustert.

Die Erle gehört zu den Bäumen, die mit dem Stickstoff verschwenderisch umgehen. Sie lebt in Symbiose mit Bakterien, die den Stickstoff aus der Luft für sie spalten und nutzbar machen. »Diese Knöllchenbakterien im Wurzelbereich können den Luftstickstoff fixieren.« Dank der vielen Helfer kann es sich die Erle leisten, ihre Blätter grün abzuwerfen. Ohne sich um ein Recycling kümmern zu müssen.

Warum ist es in den Bergen kälter?

Warm oder kalt – manchmal bewegen wir uns durch die Welt des Wissens wie beim Topfschlagen. Sie kennen das Spiel?

Weil warme Luft nach oben steigt, müsste es in den Bergen

wärmer sein als in Berlin. »Kalt! Kalt!« Aber: Wenn man den Temperaturregler hochdreht, hat der Mieter in der Etage darüber eine wunderbare Fußbodenheizung. »Wärmer! Wärmer!«

Dass warme Luft nach oben steigt, zeigt der Heißluftballon. Er hebt ab. Mit steigender Temperatur bewegen sich Luftmoleküle schneller. Sie benötigen dann mehr Raum. Deshalb ist warme Luft weniger dicht als kalte. Was wiederum bedeutet, dass ein mit heißer Luft gefüllter Ballon von der Schwerkraft nicht so stark nach unten gezogen wird wie ein vergleichbares Volumen kälterer Luft. So sucht sich die Kaltluft am Ballon vorbei den Weg nach unten. Der Ballon dagegen steigt.

Es passiert aber noch etwas: Während er an Höhe gewinnt, dehnt er sich aus. Die Umgebungsluft wird nämlich nach oben hin dünner, sodass der äußere Druck auf den Ballon abnimmt. Beträgt der Luftdruck in Berlin 1000 Hektopascal, sind es auf der Zugspitze nur noch 700. In 5000 Metern Höhe atmet man nur noch halb so dichte Luft.

Diese Abnahme des Luftdrucks hat erhebliche Konsequenzen. Mit ihr verändert sich auch die Lufttemperatur. »Drückt man mit einer Luftpumpe Luft zusammen, wird sie wärmer«, sagt Ulrich Cubasch, Meteorologe an der Freien Universität Berlin. Denn die Luftmoleküle, die mit all ihrem Bewegungsdrang in einen kleineren Raum gezwängt sind, treffen häufiger aufeinander. »Umgekehrt verringert sich mit abnehmendem Luftdruck die Temperatur. Daher ist es in den Bergen kälter.«

Die Temperatur der aufsteigenden Luft geht alle 100 Meter etwa um ein Grad zurück. Bei Feuchtigkeit kühlt sie etwas langsamer ab. Denn wenn sich Wassertröpfchen und Wolken bilden, wird Wärme freigesetzt.

Diese Wärme trägt zum typischen Föhnwetter im Gebirge bei: Feuchte Luft strömt von Süden her gegen die Alpen, kühlt sich beim Aufstieg ab und bringt Regen- oder Schneefälle. Sie ist nun jedoch wärmer als in selber Höhe auf der Nordseite. Fällt sie dort nach Überschreiten des Gebirgskamms talwärts, etwa weil ein Tiefdruckgebiet sie ansaugt, erwärmt sie sich um besagte ein Grad pro 100 Meter. So entsteht ein warmer Wind.

Warum überleben Fische unterm Eis?

Wer im Sommer im See badet, stellt fest, dass das Wasser an der Oberfläche am wärmsten und am Boden am kältesten ist. Im Winter ist es genau umgekehrt. Der See friert von oben zu, am Grund ist es am wärmsten. Seltsam, oder nicht?

In beiden Fällen sammelt sich das Wasser mit der größten Dichte am Boden. Es ist am schwersten. Seine höchste Dichte erreicht Wasser aber bei plus vier Grad Celsius. Wärmeres Wasser dehnt sich aus, ist leichter und liegt im Sommer oben auf. Aber auch kälteres Wasser schwimmt auf dem See, sogar Eis. Ein Eiswürfel liegt deshalb im Wasserglas oben auf, weil sich die Wassermoleküle im Eiskristall wegen der sich abstoßenden inneren elektrischen Ladungen nicht so dicht aneinanderlagern können.

Wenn der See zugefroren ist, suchen Fische die tiefste Stelle auf. Am Grund können sie immer mit plus vier Grad Celsius rechnen, zumal die Eisdecke die darunterliegenden Schichten recht gut gegen die kältere Außenluft isoliert. Nur sehr kleine Teiche frieren im Winter schon mal bis zum Grund durch.

Um tief unter dem Eis überleben zu können, stellen viele Fische fast sämtliche Aktivitäten ein. Zander, Barsch oder Weißfische wie der Karpfen liegen ruhig im Wasser und bewegen sich kaum noch, Maränen oder Forellen sind als Kaltwasserfische dagegen auch bei vier Grad noch recht aktiv und haben einen entsprechend höheren Sauerstoffverbrauch. Die größte Gefahr für alle Fische ist nicht die Kälte, sondern der Sauerstoffmangel.

Sauerstoff gelangt über den Kontakt zwischen der Wasseroberfläche und der Umgebungsluft ins Wasser, jedoch nicht mehr, wenn der See mit einer Eisschicht bedeckt ist. Auch die im Winter ohnehin niedrige Sauerstoffproduktion der grünen Pflanzen, in Seen vor allem der Algen, nimmt dann weiter ab, weil die Eisoberfläche weniger Licht durchlässt. Fällt Neuschnee auf die Eisdecke, werden die Aussichten für die Fische noch trüber.

»Ein tiefer See hat in der Regel einen hohen Sauerstoffvorrat«, sagt Thomas Mehner, Fischökologe am Leibniz-Institut für Gewässerökologie und Binnenfischerei. »Problematisch wird es, wenn der Frost lange anhält, wenn viele Fische im See sind, wenn sie aufgescheucht werden und aktiver werden.« Dann kann ihnen der Sauerstoff ausgehen, sie können regelrecht ersticken. Im Gartenteich sollte man daher bei Dauerfrost ein Loch ins Eis hauen, in großen Fischzuchten wird außerdem die Eisoberfläche vom Schnee befreit.

Warum können Zugvögel so weit reisen?

Zugvögel wandern zur Fortpflanzung in Gebiete, in denen sie nicht das ganze Jahr über leben könnten, die ihnen aber zum Brüten und zur Aufzucht der Jungen Nahrung in Hülle und Fülle bieten. Nach Skandinavien zum Beispiel, wohin auch ein Urlauber nicht ohne Mückennetz und Autan reist. Dort begegnet man Schnepfen, Strandläufern und vielen anderen Vögeln. Die Schnepfen zum Beispiel fressen in ihrer Brutzeit Mücken und Schnaken und kehren zum Überwintern oder als Zwischenstopp ins Wattenmeer zurück, wo die Watvögel mit ihren langen Schnäbeln auf Jagd nach Muscheln, Krebsen und Würmern gehen.

Zugvögel überbrücken erstaunliche Strecken. So pendeln die Knutts zwischen der kanadischen Arktis und der Südspitze Argentiniens hin und her. Einige von ihnen legen in ihrer Lebenszeit einen Weg zurück, der der Entfernung zwischen Erde und Mond entspricht: knapp 400 000 Kilometer.

Das schaffen sie nur mit genügend Energie. Insbesondere brauchen sie Fett, das von allen Nahrungsmitteln den höchsten Brennwert hat: doppelt so hoch wie der von Zucker und annähernd so hoch wie der von Diesel. Will etwa eine Gartengrasmücke die Sahara überqueren, in der sie nichts zu fressen findet, muss sie sich zuvor ein stattliches Energiepolster anlegen. Rund 15 Gramm Fett bedeuten für den kleinen Vogel nahezu eine Verdopplung des Gewichts. Die Flugmuskeln setzen das Fett effizient um, ein kleiner Singvogel kommt mit solch einem Vorrat 2 000 Kilometer weit.

Ob er damit ans Ziel gelangt, hängt von den Witterungsbedingungen ab. »Vögel fliegen dann, wenn der Wind für sie günstig steht«, sagt Ommo Hüppop, Leiter der Inselstation der Vogelwarte Helgoland. »Größere Watvögel, die in der arktischen Tundra brüten, sind darauf angewiesen, mit Rückenwind zu fliegen.« Sie testen die Windverhältnisse in verschiedenen Höhen aus.

Während kleine Vögel häufig mit ihren Flügeln schlagen müssen, um vorwärtszukommen, sind die Schwingen vieler großer Vögel auch zum Segeln geeignet. Wenn Gänse ziehen oder Schwäne, Kraniche oder Kormorane, sparen sie außerdem Kräfte durch den Formationsflug. Dabei hat der vorderste Vogel den größten Luftwiderstand zu überwinden, die hinteren profitieren davon und lösen ihn irgendwann ab.

Trotz aller Energiesparmaßnahmen machen etliche Jungvögel unterwegs schlapp, etwa wenn das Wetter plötzlich umschlägt. Manch einem fehlt auch schlicht die Flugerfahrung: Er wählt die falsche Route oder verausgabt sich zu schnell.

Warum kehrt der Storch zum selben Horst zurück?

Ein Nest zu bauen, kann ziemlich aufwendig sein. Den meisten Vögeln ist es nicht in die Wiege gelegt, sich – wie der Eissturmvogel – mit einer Nische im nackten Fels zu bescheiden oder – wie der Königspinguin – die Eier ständig mit sich herumzutragen. Stattdessen bauen sie eindrucksvolle Nester: Der Specht zimmert, die Schwalbe mörtelt, der Schneidervogel vernäht Blätter, der Krähenstirnvogel flicht gar meterlange Beutel aus Palmfasern und hängt sie weit oben im Blattwerk des Regenwaldes auf.

Bei einem großen Vogel mit zwei Metern Spannweite will der Nistplatz besonders gut ausgewählt sein. Am einfachsten ist es für den Storch, zu dem schon im Vorjahr benutzten Horst zurückzukehren, ihn mit Zweigen, Ästen und Gras neu auszugestalten. So treffen sich Herr und Frau Weißstorch, die den Winter über getrennt durch Afrika streifen, für gewöhnlich im Frühjahr zum gemeinschaftlichen Geklapper an Ort und Stelle wieder, um sich zu paaren. Jedes Jahr kommen sie zu ihrem alten Horst zurück.

Der im Volksmund als Babybringer und Friedensstifter geliebte Storch darf dabei auf tätige Mithilfe hoffen. In Städten wie dem spanischen Cáceres, aber auch in vielen brandenburgischen Dörfern, trifft die Bevölkerung beizeiten die nötigen Vorkehrungen, um ihm die Quartiersuche so angenehm wie möglich zu machen. Mancherorts stellen die Bewohner auf jedem zweiten Dach ein Storchennest auf und werben mit »Pension Adebar«.

Sie wissen: Der Storch setzt sich gern ins gemachte Nest.

Es sollte möglichst weit oben liegen. »Er ist ein Segelflieger und braucht einen freien Anflug zum Nest«, sagt Franz Bairlein, Direktor des Instituts für Vogelforschung in Wilhelmshaven. »Enge Häuserschluchten mag er nicht.« Genauso wenig wie dichte Wälder.

Ein weiter Ausblick erleichtert ihm die Nahrungssuche. Sein Jagdrevier muss mit allerhand Getier aufwarten. Mit ihren langen Schnäbeln füttern die Storcheneltern die ziemlich gefräßigen Jungvögel gemeinsam: zunächst mit Insekten und Regenwürmern, später mit Fröschen und kleinen Amphibien, besonders gerne mit Feldmäusen.

Der Storch, der wählerische, mag zudem hohe Plätze, die ihm Schutz vor Raubtieren wie Mardern bieten. Artgenossen, die ihm das Nest streitig machen wollen, sieht er so beizeiten kommen. Wenn das größere Männchen im Nest kauert, Kopf und Schnabel hin und her schüttelt, ist das eine Warnung an andere Vögel, sich von dem besetzten Horst fernzuhalten. Der einmal gewählte Nistplatz wird Jahr für Jahr wiederbesetzt und gegen jeden Störenfried verteidigt – falls er sich bewährt hat.

Warum fallen schlafende Vögel nicht von der Stange?

Das Vogelleben ist ein Balanceakt. Beim Fliegen bläst der Wind mal von rechts, mal von links – Schwalbe & Co. halten Kurs. Sie sitzen, ohne umzufallen, auf dünnen, schwankenden Ästen und schlafen nachts auf einem Bein. Völlig relaxed. Der kleine Wellensittich steht dem langbeinigen Flamingo in dieser Hinsicht in nichts nach.

Dabei ist es schon verwunderlich, dass sie überhaupt stehen können und nicht ständig nach vorne kippen. Denn der Schwerpunkt des Vogelkörpers liegt ziemlich weit vorne in Höhe der Flugmuskulatur. Anders wäre es kaum möglich, beim Fliegen das Gleichgewicht zu wahren. Die Hüftgelenke setzen weiter hinten an. Von dort aus weisen die Oberschenkel allerdings geradewegs nach vorne. Am nächsten Gelenk knickt dann der Unterschenkel nach unten ab, um den Körper auch beim Laufen und Sitzen unterhalb des Schwerpunkts zu stützen.

Für längere Sitzungen auf Stangen, Ästen oder Stromleitungen hat der Vogelfuß eine eingebaute Sicherung. Beim Hinsetzen spannt sich eine Sehne vom Oberschenkel bis zu den Zehenbeugern, die es ihm erlaubt, die Stange fest mit den Zehen zu umklammern. »Diese Sehne rastet in einer Knochenvertiefung ein, sodass der Vogel ohne weitere Anstrengung sitzen bleibt«, sagt Reinhold Necker, emeritierter Tierphysiologe der Ruhr-Universität Bochum. Selbst im Schlaf löst sich die Sicherung nicht. »Beim Aufstehen muss er diese Sehne aktiv mit Muskelkraft aus der Verankerung lösen.«

Das Gleichgewicht zu halten, ist trotzdem eine labile Angelegenheit. Vor allem beim Schlafen auf einem Bein. Es bedarf dazu einer ständigen Kontrolle.

Vögel steuern ihre Flugbewegungen durch ein Gleichgewichtsorgan im Innenohr. Necker hat vor wenigen Jahren ein zweites Gleichgewichtsorgan entdeckt, das im Rückenmark in Höhe des Beckens sitzt. Von hier aus wird die Bewegung der Beine überwacht. Dieses zweite Organ arbeitet nach demselben Prinzip wie das im Innenohr. Es besteht aus mehreren mit einer Flüssigkeit gefüllten Bogengängen. Je nach Körperhaltung des Vogels strömt die Flüssigkeit in den Bogengängen in die eine oder andere Richtung. Sinneszellen registrieren das Hin-und-her-schwappen, leiten den Reiz ans Kleinhirn und zu den Beinen weiter und korrigieren die Haltung. Auch in der Nacht. Schläft der Vogel auf einem Bein, hält das Nervensystem Wache.

Warum fliegen Motten ins Licht?

Die gelben Blüten der Nachtkerze öffnen sich in der Dämmerung binnen weniger Minuten. Kurz darauf nähern sich ihr bereits die ersten Nachtfalter: der Mittlere Weinschwärmer, mancherorts auch das Taubenschwänzchen. Sie orientieren sich am Duft der Pflanzen, um Nektar zu finden. Die Augen spielen bei der Suche nach Nahrung oder Geschlechtspartnern eine untergeordnete Rolle.

Allerdings haben Forscher herausgefunden, dass der Mittlere Weinschwärmer, der Labkrautschwärmer und andere nützliche Bestäuber selbst in tiefster Nacht noch Farben unterscheiden können, bei schwachem Mondschein oder nur im Schimmer der Sterne. Wenn für uns längst alle Katzen grau sind, erkennen sie mit ihren Facettenaugen noch immer farbintensive Blüten. Etliche Insekten nehmen auch das für uns Menschen unsichtbare ultraviolette Licht wahr.

Im künstlichen Licht von Straßenlaternen haben sie dagegen erhebliche Schwierigkeiten, sich zurechtzufinden. Sie werden in Scharen davon angezogen. »Licht ist für sie ein Kardinalreiz«, sagt Gerhard Eisenbeis vom Institut für Zoologie der Universität Mainz. Er hat die Reaktion der Insekten auf verschiedene Lampentypen untersucht und festgestellt, dass sie besonders auf Weißlicht fliegen.

Die Motten umkreisen die Lampen orientierungslos, bis sie erlahmen oder verglühen. Andere Insekten lassen sich auf den Boden fallen, bleiben dort inaktiv sitzen, bis die Blendwirkung nachlässt oder weil sie die Nacht mit dem Tag verwechseln. Es ist denkbar, dass sie ähnliche Schockreaktionen erleiden wie Rehe, die sich nachts auf eine Autobahn verirrt haben, plötzlich von Scheinwerfern angestrahlt werden und wie angewurzelt stehen bleiben.

Unter manchen Laternen findet man im Sommer Teppiche toter Insekten. Warum künstliche Lichtquellen für sie zu Massengräbern werden, darüber können Forscher bisher nur spekulieren. Möglicherweise trauen sich die Motten mit ihren lichtempfindlichen Augen nicht mehr aus dem grellen Lichtkegel der Lampen heraus, nachdem sie einmal hineingeraten sind. Genügt es doch bereits, ein Blitzlichtfoto von einem Nachtfalter zu machen, um ihn so zu blenden, dass er erst Minuten später wieder im Dunkeln sehen kann.

Eisenbeis würde sich zum Boden gerichtete Lampen wünschen, die nur einen begrenzten Abstrahlwinkel haben und wenigstens zum Himmel hin abgeschirmt sind. Das würden auch Astronomen begrüßen, die vor lauter Licht keine Sterne mehr sehen. Sie klagen ebenfalls über eine zunehmende »Lichtverschmutzung«.

Warum macht die Glocke nicht »bim, bam«?

Jede Kirchenglocke hat ihren eigenen Klang. Im Gegensatz zu einer Gitarrensaite ist sie ein dreidimensionales Gebilde. Ihr Metallmantel kann gleichzeitig auf viele verschiedene Weisen schwingen. Schlägt der Klöppel an, hören wir bis zu 50 verschiedene Töne in einem Glockenklang, so als spielten mehrere Instrumente mit unterschiedlicher Lautstärke zusammen. Historische Kirchturmglocken bekommen dadurch ein unverwechselbares, zeittypisches Timbre.

Es ist nicht leicht, den Klang vor dem Gießen exakt zu berechnen. So mussten sechs der sieben Glocken für die neue Dresdner Frauenkirche nach dem ersten Guss noch einmal eingeschmolzen werden. Der Klang ergibt sich aus Form, Größe und der genauen Zusammensetzung des Materials. Ist die Glocke zum Beispiel nicht ganz rund, breitet sich der Schall mit verschiedenen Geschwindigkeiten aus. Dann wimmert oder bellt sie.

Die Tonlage einer Glocke ist umso tiefer, je größer ihre Abmessungen sind. Eine große Glocke macht daher »bam« und eine kleine »bim«. Wer aber von ein und derselben Glocke ein »Bimbam« zu hören glaubt, hat entweder sehr gute oder schlechte Ohren.

Zwei derart verschiedene Töne könnten sich dadurch ergeben, dass die Öffnung der schwingenden Glocke mal auf den Zuhörer gerichtet ist, mal von ihm fort zeigt. »Bei offenen Kirchtürmen hört man die Glocke intensiver, wenn sie auf uns zu schwingt, und etwas schwächer, wenn sie in die entgegengesetzte Richtung schwingt«, sagt der Glockengießer Hanns Martin Rincker vom Deutschen Glockenmuseum in Greifenstein. Hörbare Unterschiede in den Tonhöhen entstünden dabei aber nicht.

Allerdings ändern sich die Tonhöhen tatsächlich ein wenig. Läutet die Glocke auf uns zu, ist ihr Ton ein bisschen höher, ähnlich wie der Ton der Sirene eines auf uns zu kommenden Polizeiautos heller klingt, weil die Schallwellen dann in schnellerer Abfolge an unser Ohr gelangen. Die Geschwindigkeit der schwingenden Glocke ist jedoch so klein, dass die Differenz für das menschliche Ohr kaum wahrnehmbar ist. Nur Messinstrumente registrieren ein »Bimbam«.

Wenn hingegen zwei Glocken im Geläut oder die Glocken mehrerer Kirchtürme gleichzeitig erklingen, schallt es tatsächlich »bim, bam«. Das kommt häufig vor, denn Glockenschläge zeigen vielerorts die Uhrzeit an: die vollen Stunden meist durch Schläge auf größeren Glocken, die Viertelstunden auf kleineren. Zu kirchlichen Anlässen tönen sie manchmal wild durcheinander. Heiliger Bimbam.

Warum ist der Vollmond zehnmal heller als der Halbmond?

Der Mond empfängt sein Licht von der Sonne. Eigenes hat er nicht. Die Sonne kann freilich nicht beide Mondhälften gleichzeitig beleuchten. Sie strahlt nur eine Seite an, die andere liegt im Dunkeln.

Da Sonne, Mond und Erde ständig ihre Positionen zueinander verändern, sehen wir von der Erde aus mal die voll beleuchtete Mondseite, dann haben wir Vollmond, und mal die unbeleuchtete, dann ist Neumond. Die meiste Zeit über zeigt uns der Mond jedoch ein bisschen von seiner hellen und ein bisschen von der dunklen Seite. Wir sehen ihn dann als Sichel, zunehmend oder abnehmend.

Mit den Mondphasen ändert sich die Helligkeit des Nachtgestirns drastisch. Der Vollmond erscheint uns zehnmal heller als der Halbmond, obwohl die von der Sonne angestrahlte Fläche nur doppelt so groß ist. Der Grund dafür liegt in der feinkörnigen Mondoberfläche.

Der Mond besitzt keine Atmosphäre. Seine Oberfläche ist ungeschützt. Vor allem winzige Meteoriten, die in großer Zahl im Sonnensystem herumschwirren, treffen das Mondgestein, zertrümmern und pulverisieren es. Daher ist der Mond relativ gleichmäßig mit Staub bedeckt. Unter den Körnchen sind auch viele bei solchen Einschlägen geschmolzene Glaskügelchen. Sie bedecken den Erdtrabanten meterhoch.

Die Staubkörnchen werfen einen geringen Teil des Sonnenlichts zurück. Das Licht verfängt sich allerdings leicht in den winzigen Räumen zwischen den Partikelchen und wird absorbiert. »Am besten streut es in die Richtung zurück, aus der es gekommen ist«, sagt Ralf Jaumann vom Institut für Planetenforschung des Deutschen Zentrums für Luft- und Raumfahrt in Berlin-Adlershof. »Licht, das schräg einfällt, kommt kaum wieder heraus.«

Bei Vollmond steht die Sonne in unserem Rücken, wenn wir den Mond betrachten. Sie strahlt ihn frontal an, wir befinden uns in der optimalen Rückstrahlrichtung. Bei Halbmond liegt die uns zugewandte Mondseite in einem Winkel von 90 Grad zur Sonne. Wir empfangen daher viel weniger von dem zurückgeworfenen Licht.

Der Mond ist zwar das in unseren Augen hellste Gestirn am Nachthimmel. Aber er reflektiert nur etwa sieben Prozent des Sonnenlichts. Nicht mehr als eine Asphaltstraße, und doch genug, um in der Nacht zu glänzen. Selbst die dunkle, von der Sonne unbeleuchtete Mondseite bleibt nicht völlig schwarz. Sie wird von der Erde indirekt ein wenig aufgehellt. Sie schimmert aschgrau und fahl, weil das schwache von der Erdoberfläche und der Erdatmosphäre reflektierte Sonnenlicht auf sie fällt.

Wissenschaft im Strandkorb

Warum ist der Einstieg ins Wasser am Bauch so kalt?

Meine Begegnungen mit der »Generation Bauchfrei« sind nicht frei von Emotionen. Die Nabelschau löst gelegentlich Kälteschauer bei mir aus. Ich selbst habe in diesen Körperregionen wenig Rundliches zu bieten, nirgends Bauchspeck, der mich vor kühlen Luftzügen schützen würde. Manchmal friere ich vom bloßen Hingucken.

Zur Problemzone wird mein eigener Bauch beim Baden. Der Einstieg ins kalte Wasser ist für den sonnenverwöhnten Halbitaliener eine ziemliche Herausforderung. Bis zur Badehose steigt das Wasser noch rasch, die kritische Phase ist spätestens in Höhe des Bauchnabels erreicht.

»Arme und Beine haben eine andere Kältetoleranz als der Rumpf«, sagt Claus-Martin Muth, Oberarzt der Anästhesiologie an der Uniklinik Ulm und Spezialist für Tauchmedizin. »Unsere Gliedmaßen können den Wärmeverlust begrenzen, indem sie die Blutgefäße zusammenziehen.« Im Rumpf aber sitzen Herz, Lunge, Nieren und all die Organe unseres Körpers, die auf eine konstante Kerntemperatur von 37 Grad Celsius angewiesen sind. Steigt oder sinkt diese Temperatur, laufen die biochemischen Prozesse aus dem Ruder, die uns am Leben halten. »Bei unterkühlten Patienten entgleist zum Beispiel die Blutzuckereinstellung.«

Fällt die Kerntemperatur auf 35 Grad, beginnen wir zu zittern, um zusätzliche Wärme zu erzeugen. Bei noch niedrigeren Werten erstarren wir, 30 Grad führen bereits zur Bewusstlosigkeit.

In Bauchhöhe sinkt die Kältetoleranz daher drastisch. Unsere Haut ist im Rumpfbereich pro Quadratzentimeter mit etwa doppelt so vielen Kälterezeptoren ausgestattet wie an den Oberschenkeln. Diese freien Nervenenden geben Warnsignale ans Hirn, wenn die Außentemperatur fällt.

Dem Bauch mit seiner großen Oberfläche kann kaltes Wasser

viel Wärme entziehen – mehr jedenfalls als Luft derselben Temperatur. Denn der Körper hat mit der Flüssigkeit einen wirksameren Kontakt. Bei starker Strömung nimmt das Wasser die Wärme nicht nur auf, es transportiert sie auch rasch weg. Die Folge: Wir frieren stärker, ähnlich wie bei heftigem Wind. Eine Speckschicht ist dann noch hilfreicher. Kleine, dicke Menschen kühlen innerlich nicht so schnell aus wie dünne, lange.

Taucher schützen sich durch einen Neoprenanzug vor Unterkühlung. An Armen und Beinen tragen sie eine einfache Schicht aus dem aufgeschäumten, isolierenden Gummimaterial, am Bauch wird doppelt gemoppelt. Wärmt besser.

Warum schlägt Wasser Wellen?

Eine La-Ola-Welle ist leicht zu durchschauen: Aufstehen! Setzen! Schön koordiniert die Arme hochreißen und wieder sinken lassen, damit die Woge der Begeisterung das ganze Fußballstadion erfasst. Als Zuschauer kann man verfolgen, wie diese Welle von Sitz zu Sitz durch die Arena rollt.

Das Auf und Ab des Meeres ist weniger augenfällig. Hier kommt die Welle durch die besonderen Eigenschaften des Wassers zustande. Wasser ist im Vergleich zur Luft sehr dicht und lässt sich kaum komprimieren. Wer etwa mit der flachen Hand das Wasser in einer Badewanne herunterzudrücken versucht, stellt fest, dass das nicht möglich ist. Es weicht sofort zur Seite aus. Luft dagegen lässt sich gut verdichten. Mit einer simplen Luftpumpe können wir einen Fahrradschlauch prall füllen.

Einem Stein, den wir ins Meer werfen, macht das Wasser sofort Platz. Es steigt neben der Einwurfstelle an, um sie herum bildet sich ein ringförmiger Wellenberg. Diese Störung der ehemals glatten Wasseroberfläche breitet sich sofort weiter aus. Denn die Schwerkraft holt die nach oben aufgestiegene Wassermenge wieder zurück. Sie bewegt sich rasch abwärts, die Wasserteilchen gewinnen an Geschwindigkeit und schießen über den Normalpegel hinaus nach unten. Diese Wassermenge muss irgendwohin.

Wieder weicht das Wasser zur Seite aus – so entsteht neben dem neuen Wellental der nächste Wellenberg.

Das ständige Auf und Ab führt zu einer koordinierten Bewegung der Wasserteilchen, eine Welle wandert kreisförmig nach außen. Ihre Berge werden kleiner, die Wellenzüge länger, irgendwann läuft sie aus. Die Schwerkraft und der Druck, den die Wasserteilchen aufeinander ausüben, finden zu einer neuen Gleichgewichtslage zurück.

Der Luftdruck spielt dabei eine wichtige Rolle. »An der Wasseroberfläche grenzen Luft und Wasser aneinander«, sagt Jürgen Köngeter, Leiter des Instituts für Wasserbau und Wasserwirtschaft der RWTH Aachen. »Sie üben Kräfte aufeinander aus.« Und die wirken nicht unbedingt beruhigend. »Sobald es Druckänderungen der Luft gibt, weicht das Wasser aus.«

Deshalb ruft auch der Wind Wellen hervor. Sie wandern auf offenem Meer in Windrichtung, aus dem Auf und Ab der Wasserteilchen wird nun eine komplexere Bewegung. Abhängig von Windstärke und Dauer des Windes bilden sich unterschiedlich lange Wellenzüge, kleine Rippeln oder hohe Wogen. Je höher sie sind, umso größer ist auch die Geschwindigkeit des Wassers auf dem Wellenkamm. Türmen sie sich zu steil auf, schießt das Wasser auf dem Kamm der Welle voraus. Sie wird instabil und bricht.

Warum können Frauen besser den »Toten Mann« markieren?

Seit es diese bunten Schwimmnudeln gibt, treiben in Hallenbädern immer mehr Menschen reglos auf dem Wasser dahin. Getragen, geschaukelt, auf der Suche nach der Leichtigkeit des Seins. Wenn ich mich ohne solche Spaghettiträger auf den Rücken drehe und versuche, den »Toten Mann« zu spielen, bin ich, statt zu entspannen, dauernd mit meiner labilen Gleichgewichtslage beschäftigt. Obschon ich ein Leichtgewicht bin, bleibe ich nicht ohne Weiteres oben. Beim Schwimmen entscheidet nämlich nicht das Gewicht, sondern die Dichte.

Selbst riesige Schiffe aus Stahl schwimmen. Ein Liter Wasser hat eine Masse von einem Kilogramm, das gleiche Volumen Stahl wiegt fast achtmal so viel. Deshalb geht ein Stahlklotz unter. Aber wenn der Schiffsbauch hohl ist und viel Luft enthält, ist die mittlere Dichte des Schiffskörpers kleiner als die des Wassers. Der Stahlkoloss schwimmt dann genauso wie ein Schiffchen, das wir aus Aluminiumfolie falten, während dieselbe Folie, zu einem Kügelchen zusammengeknüllt, untergeht.

Der menschliche Körper besteht zu mehr als zwei Dritteln aus Wasser. Er hat daher auch etwa dieselbe Dichte: Wer 75 Kilogramm wiegt, bringt es auf ein Volumen von ungefähr 75 Litern und kann sowohl auf dem Wasser schwimmen als auch tauchen. Wie ein Fisch. Die meisten Knochenfische haben eine gasgefüllte Schwimmblase, vergrößern und verkleinern sie und regulieren so ihren Auftrieb. Auch uns kann eine Vergrößerung des Körpervolumens durch das Einatmen helfen, beim »Toten Mann« oben zu bleiben.

Über die Schwimmfähigkeit entscheiden neben der Luft in der Lunge allerdings auch die Körperform, die Muskel- und Fettverteilung. Muskeln sind schwerer als Fett, das mit einer Dichte von etwa 0,9 Kilogramm pro Liter oben schwimmt. Männer haben meist einen deutlich höheren Muskelanteil als Frauen, die ihrerseits von der Pubertät an viel Fett an Hüften, Po und Oberschenkeln ansetzen – vermutlich, um den Energiebedarf in der Stillzeit zu decken.

Frauen falle es daher in der Regel leichter, den »Toten Mann« zu markieren, sagt Sigrid Thaller, Biomechanikerin am Institut für Sportwissenschaft der Universität Graz. Aber auch Frauen liegen nicht ganz flach im Wasser. »Die Beine haben eine höhere Dichte als der Rumpf.« Das Gewicht der Muskeln zieht sie nach unten, ein Grund dafür, dass die Beine im Wasser meist in Bewegung sind. Der Kopf dagegen wird beim Schwimmen, wie gewünscht, leicht aus dem Wasser gehoben.

Warum spuckt der Taucher in die Brille?

Es klingt wie ein Scherz, dass Spucke auf einer Brille die Sicht verbessern soll. Aber der Speichel hilft tatsächlich. Er verhindert, dass die Tauchermaske beschlägt.

Die Taucherbrille ist eine eigenartige Sehhilfe. Das Wichtigste daran ist der Luftraum vor dem Auge. Ohne ihn büßen wir unter Wasser unsere Sehschärfe ein. Wer ohne Brille mit offenen Augen taucht, sieht alles verschwommen. Er kann in 20 Zentimetern Abstand gerade noch die fünf Finger an einer Hand abzählen.

Im Wasser breitet sich Licht anders aus als in der Luft. Beim Übergang von einem Medium ins nächste ändern sich sowohl die Geschwindigkeit als auch die Richtung der Lichtstrahlen: Sie werden gebrochen. Im Wasser verringert sich die Lichtgeschwindigkeit gegenüber Luft um den Faktor 1,3.

Unser Auge macht sich dies zunutze. Die Lichtstrahlen kommen beim Übertritt von der Luft zur Hornhaut stark vom ursprünglichen Kurs ab. Die Hornhaut hat eine noch beachtlichere Brechkraft als die eigentliche Augenlinse. Zusammen mit ihr fokussiert sie das Licht auf die Netzhaut.

Das ändert sich beim Tauchen. Setzt man keine Maske auf, durchquert das Licht vor dem Eintritt ins Auge nicht Luft, sondern Meerwasser. Das aber unterscheidet sich physikalisch gesehen kaum vom wässrigen Hornhautgewebe. Die Ablenkung der Lichtstrahlen durch die Hornhaut unterbleibt daher.

»Beim Eintauchen der Augen in Wasser wird die Brechkraft der Hornhautvorderfläche von zirka plus 43 Dioptrien aufgehoben«, sagt Dieter Schnell, Leiter der Arbeitsgruppe Sportophthalmologie des Berufsverbands der deutschen Augenärzte. Den Fischen nützt eine Hornhaut zum Scharfsehen daher wenig. Sie haben eine umso stärkere kugelige und verschiebbare Linse. Taucher dagegen sind auf eine Sehhilfe angewiesen. »Um scharf zu sehen, muss man entweder eine extreme Pluslinse als Korrektur vorsetzen oder einen luftgefüllten Raum.«

Letzteren bietet die Tauchermaske. Ihr Nachteil: Sie beschlägt leicht. Auf der kalten Frontscheibe setzt sich Feuchtigkeit ab, die

unsere Haut bildet. Sie kondensiert zu fein verteilten Wassertröpfchen und behindert die Sicht.

Taucher spucken daher in die Brille, verreiben den Speichel
und spülen die Maske vor dem Aufsetzen kurz mit Wasser aus.
Die Spucke enthält Proteine. Sie sind kaum wasserlöslich und
bleiben an der Scheibe haften. Die Glykoproteine senken zudem –
ähnlich wie Spülmittel – die Oberflächenspannung des Wassers,
sodass dieses keine undurchsichtigen Tröpfchen mehr bilden
kann, sondern allenfalls einen dünnen Wasserfilm.

Warum werden Lippen blau?

Luft ist eine viel bessere Sauerstoffquelle als Wasser. In einem
Liter Luft sind durchschnittlich 200 Milliliter Sauerstoff enthalten, in einem Liter Wasser nur sieben Milliliter. Beim Atmen gelangt der Sauerstoff aus der Luft über die Lungen ins Blut. Im
Unterschied zu Wasser enthält das Blut Substanzen, die den Sauerstoff binden können: Eiweißmoleküle mit Kupfer- oder Eisen-
atomen im Zentrum. Sie machen Blut zu einem ganz besonderen
Saft.

Bei Hummern oder Tintenfischen übernimmt kupferhaltiges
Hämocyanin den Sauerstofftransport. Sie haben blaues Blut. Bei
uns Menschen färbt das eisenhaltige Hämoglobin das Blut bei
der Sauerstoffaufnahme in der Lunge hellrot. Über Arterien und
Kapillaren gelangt es ins Körpergewebe, wo das Hämoglobin
den Sauerstoff wieder abgibt: Es desoxigeniert.

Gleichzeitig nimmt das Blut Kohlendioxid auf. In Gewebe mit
aktivem Stoffwechsel, wo viel Kohlendioxid ins Blut übergeht,
wird das Blut sauer, was die Sauerstoffabgabe beschleunigt. Das
zurückfließende venöse Blut enthält mehr desoxigeniertes Hämoglobin und ist deutlich dunkler bis bläulich gefärbt.

In der Regel strömt das Blut schnell zurück zum Herzen und
zur Lunge. Verweilt es länger an einem Ort, gibt es mehr Sauerstoff ab. Das passiert unter anderem, wenn man lange im kühlen
Wasser badet. »Der Körper stellt die Blutgefäße bei Kälte en-

ger«, sagt der Hämatologe Wolf-Dieter Ludwig von der Berliner Charité. »Dadurch verlangsamt sich die Blutströmung, das Blut verliert mehr Sauerstoff.« Ab einer Schwelle von etwa fünf Gramm desoxigeniertem Hämoglobin pro 100 Milliliter Blut zeigt sich dies als Blaufärbung.

Die Lippen färben sich dabei deutlicher als andere Stellen unseres Körpers. Die Haut ist hier sehr dünn. Das blaue Blut scheint vor allem bei hellhäutigen Typen durch, deren Lippen nicht mit dunklen Pigmenten durchsetzt sind. Generell treten bei heller Haut die Venen stärker hervor – daher womöglich auch die Vorstellung von »blaublütigen« Menschen: In Adelskreisen galt Blässe lange Zeit als vornehm. Es war üblich, sich nicht der Sonne auszusetzen.

Menschen, die unter Blutarmut leiden, bekommen beim Baden keine blauen Lippen. Wer ohnehin wenig Hämoglobin im Blut hat, bei dem überschreitet auch das desoxigenierte Hämoglobin die Schwelle zur Blaufärbung nicht so leicht. Dagegen tritt eine Blaufärbung (Zyanose) bei Menschen mit einer erhöhten Hämoglobinkonzentration, aber auch bei Herzerkrankungen häufiger auf. Wenn das Herz nicht mehr kräftig genug pumpt, verweilt das Blut länger in den Kapillaren. Im Extremfall steht es still. Leichname haben stets blaue Lippen.

Warum haben Austern eine Perle?

Nüsse zu knacken, ist in vielen Familien Männersache. Papa muss kleine, hungrige Münder stopfen, weil die Kinder die Schalen von Wal- oder Haselnüssen nicht aufbrechen können. Jungvögel tun sich mit Schalen ähnlich schwer. Austernfischer zum Beispiel üben bis zu zwei Jahre lang, ehe sie ohne elterliche Hilfe an das Fleisch von Schalentieren herankommen. Sie lernen, ihren Schnabel zwischen die Klappen der Austern zu schieben und deren Schließmuskeln zu durchtrennen, oder aber die Schalen von Muscheln von außen aufzupicken. Dazu brauchen sie kräftige Schnäbel. Denn das Muschelgehäuse ist hart.

Schalentiere bilden, während sie wachsen, solide Panzer aus Kalziumkarbonat, um Fressfeinde abzuwehren. Aus demselben Material können aber auch kostbare Perlen entstehen. Austern beginnen ihre Schmuckproduktion, wenn ein Fremdkörper, etwa ein Sandkorn, in ihre Schatulle gespült wird. In einer Art Wundheilungsprogramm ummanteln sie den Eindringling mit Perlmutt und machen ihn unschädlich.

Das Perlmutt von Schalentieren ist außerordentlich bruchfest. »Es ist aufgebaut wie eine Ziegelwand«, sagt Monika Fritz, Expertin für Biomineralisation an der Universität Bremen. Die Ziegel, kleine, einen halben Mikrometer hohe Plättchen aus Kalziumkarbonat von nur 15 Mikrometern Durchmesser, stapeln sich Schicht auf Schicht. Den Mörtel dazwischen bilden organische Substanzen, darunter klebrige Zucker- und Eiweißstoffe. »In einem Millimeter Perlmutt liegen 2 000 solcher Schichten übereinander.« Sie geben einer echten Perle ihren einzigartigen Glanz.

Man erkennt Perlmutt an seinem Regenbogenschillern. Es irisiert. Die vielen Kalziumkarbonat-Schichten sind hauchdünn: jeweils nur etwa so dick wie die Wellenlänge des sichtbaren Lichts. An jeder einzelnen Schicht wird ein Teil des einfallenden Sonnenlichts reflektiert, ein Teil durchgelassen. Die aus den verschiedenen Tiefen zurückgeworfenen Strahlen überlagern sich anschließend: teils konstruktiv, sodass bestimmte Farbtöne verstärkt, teils destruktiv, sodass andere Bereiche des Farbspektrums ausgelöscht werden.

Die Innenschalen von Perlaustern, von Kreiselschnecken oder Seeohren schillern je nach Betrachtungswinkel in verschiedenen Farben. Auch Perlen brillieren aufgrund der regelmäßigen Schichtung. Allerdings bringen nur wenige Muschelarten schöne, runde Perlen hervor. In der antiken Dichtung wurden die seltenen Schmuckstücke als »Tau vom Mond« oder als »Tränentropfen« beschrieben. Heutzutage werden die Steine gezüchtet, indem man den Austern – mehr oder weniger erfolgreich – Fremdkörper einsetzt, um sie zur Schmuckproduktion zu stimulieren.

Warum hält die Sandburg?

Als Kind eines Maurers war mir der Platz an der Mischmaschine schon in jungen Jahren sicher. Das einfache Rezept: ein Teil Zement auf drei Teile Sand. Mit dem Wasser habe ich es nie so genau genommen, was der Qualität des Mörtels allerdings keinen Abbruch tat. Die Häuser, die mein Vater damals baute, stehen heute noch. Auch für den Bau einer Sandburg braucht man keinen Messbecher. Ein Teil Wasser auf etwa acht Teile Sand sind ein gutes Mischverhältnis. Die Festung hält aber auch mit mehr oder weniger Flüssigkeit. Zum Erstaunen der Forscher. Unter einem Röntgentomografen sieht eine Burg mit drei Prozent Wasser nämlich völlig anders aus als eine mit 13 Prozent.

Ein trockener Sandhaufen besteht aus Körnern und aus Hohlräumen. Sind die Sandkörner rund, stößt jedes von ihnen mit etwa sechs Nachbarkörnchen aneinander. Die Partikel fügen sich zu stabilen Brücken und Bögen. Der Sand gerät erst ins Rutschen, wenn der Haufen zu steil wird.

Eine gut gebaute Sandburg dagegen stürzt selbst bei senkrechten Wänden nicht ein. Entscheidend dafür ist das Wasser. Wassermoleküle sind asymmetrisch, besitzen eine positiv und eine negativ geladene Seite. Daher benetzt Wasser gerne Materialien, die ebenfalls polare Oberflächen haben. Dazu gehören auch Quarzsande.

Wasser sucht vorzugsweise die Kontaktstellen zwischen zwei Sandkörnern auf, weil es dort auf die größte Oberfläche trifft. Das gibt der Burg den nötigen Halt, denn die Wassermoleküle ziehen sich auch gegenseitig an. Auf einem See bildet die Wasseroberfläche sogar eine tragfähige Membran, auf der Insekten herumlaufen können.

»Diese Oberflächenspannung des Wassers zieht die Sandkörner zusammen«, sagt Stephan Herminghaus, Direktor am Max-Planck-Institut für Dynamik und Selbstorganisation in Göttingen und Experte für feuchte Granulate. »Sie sorgt dafür, dass die Sandburg stabil bleibt.«

Herminghaus hat beobachtet, dass bei weniger als drei Prozent Wasseranteil nur einzelne Wasserbrücken an den Kontaktpunkten auftreten. Ist die Burg feuchter, verbinden sie sich miteinander. Bei mehr als 13 Prozent Wasseranteil ist die gesamte Flüssigkeit vernetzt. Jetzt könnte ein kleines Wassertierchen bereits durch die ganze Burg schwimmen. Noch mehr Wasser führt dazu, dass sich die Hohlräume vollständig mit Flüssigkeit füllen. Die Oberflächenspannung geht verloren, die Burg zerfließt.

Das umgekehrte Los der Burg heißt: Austrocknung. Geht die Feuchtigkeit verloren, zerrieselt sie zum Sandhaufen. Allerdings sind im Meerwasser Salze und Algen enthalten, die nicht mit dem Wasser verdunsten. Sie können Krusten bilden, die Burg verklebt, ihr Zerfall wird gebremst. Daher der Tipp des Forschers für alle Burgenbauer: »Man sollte nicht zu sauber arbeiten!«

Warum glänzen feuchte Steine?

Im Urlaub sehe ich die Welt mit anderen Augen. Plötzlich interessiere ich mich für Dinge, an denen ich sonst achtlos vorbeigehe. Steine zum Beispiel. Während ich am Strand entlanglaufe, sammle ich kleine Handschmeichler. Ein Kiesel kann zum Highlight des Tages werden.

Schon am selben Abend haben die Strandschönheiten ihren wunderbaren Glanz jedoch verloren. Genauso wie nasse T-Shirts satte, kräftige Farben vortäuschen, beeindrucken auch die Findlinge nur, solange sie feucht sind. Hat man sie ins Trockene gebracht, werden sie matt und blass.

»Ausschlaggebend dafür ist die Mikrostruktur ihrer Oberfläche«, sagt Hans Joachim Schlichting, Direktor des Instituts für Didaktik der Physik an der Universität Münster. Kieselsteine seien zerkratzt, hätten kleine Furchen und Lufteinschlüsse. »Ist der Stein trocken, wird ein Teil des Sonnenlichts an diesen Unebenheiten diffus in alle Richtungen reflektiert.«

Wir sehen nicht nur dieses weiße Streulicht. Es mischt sich vielmehr unter die eigentliche Farbe des Steins. Er erscheint dadurch heller, seine Färbung ist durch das zusätzliche Weißlicht weniger intensiv.

Welche Farbe ein Gegenstand hat, hängt von seiner molekularen Zusammensetzung ab. Jedes Molekül greift sich aus dem ihm angebotenen Spektrum des Sonnenlichts nur bestimmte Energien heraus. Der Blattfarbstoff Chlorophyll zum Beispiel fängt bevorzugt rotes und blaues Licht ein, grünes wirft er zurück. Daher sind Blätter grün. Im Stein verschwinden, je nach seiner Beschaffenheit, diese oder jene Lichtanteile. Was er zurückstrahlt, macht seine Eigenfarbe aus.

Vom Meerwasser umspülte Steine haben einen besonderen Reiz. Die feuchte Oberfläche lässt sie glänzen. Der Wasserfilm wirkt wie ein Spiegel. Hier und da blitzen helle Punkte auf, weil sich die Sonne im Wasser spiegelt. Ihre Strahlen gelangen von solchen Stellen aus direkt in unser Auge.

Abgesehen von diesen Glanzpunkten durchdringt der größte Teil des Lichts die dünne Wasserschicht jedoch und wird an der Steinoberfläche, wie gehabt, diffus reflektiert. Da der Wasserfilm aber nicht nur auf der Außen-, sondern auch auf der Innenseite spiegelt, wirft er das Streulicht teilweise wieder zurück. Es erreicht abermals den Stein. Dort haben die Moleküle erneut Gelegenheit, das Licht bestimmter Energien herauszufiltern. Infolge dieser Selbstbespiegelung wird der Stein dunkler – seine Eigenfarbe aber intensiver.

Warum wandern Dünen?

In manchen Küstengebieten reiht sich Sandhügel an Sandhügel und Kamm an Kamm. Der Wind hat die Dünen zusammengeweht, die Landschaft sieht aus wie ein erstarrtes Meer.

So starr ist es jedoch nicht. Die Wellen im Sand wandern. Der Wind trägt die einmal aufgewirbelten Sandkörner fort. Fallen sie irgendwo wieder zu Boden, können sie beim Aufprall gleich mehrere neue Körner herausschlagen. So verstärkt sich der Sandstrom knapp über der Oberfläche wie von selbst. Bei starkem Wind flimmert es über dem Sandboden.

Selbst wenn der Wind immer aus derselben Richtung weht,

werden Sandhaufen jedoch nicht höher und höher. Die Schwerkraft hält dagegen. Sie zieht die Sandkörner nach unten und lässt zu steile Hänge instabil werden. »Sie rutschen ab, und es bilden sich scharfe Kanten«, sagt Hans J. Herrmann, der an der Eidgenössischen Technischen Hochschule Zürich die Wanderbewegungen von Sanddünen erforscht. »Hinter diesen Kanten sammeln sich die Körner im Windschatten. Dünen sind eine Falle für Sandkörner.«

Eine effektive Windfalle entsteht allerdings nur dann, wenn der Sandberg eine Mindesthöhe erreicht. Ist er zu klein, löst sich der Haufen wieder auf. Er wird einfach weggeblasen. Die kleinsten stabilen Dünen sind etwa anderthalb Meter hoch. Solchen Dünen begegnet man zum Beispiel in Israel. Sie wandern jedes Jahr etwa 20 Meter in Windrichtung weiter.

Ist genügend Sand vorhanden, stehen solche Dünen in Reihen senkrecht zum Wind. Schicht für Schicht trägt die Strömung die Sandkörnchen an der Oberfläche fort. Eine große Düne kommt daher nur langsam vorwärts.

Wenn nicht so viel Sand da ist, entstehen vereinzelte Sandhügel, zum Beispiel Sicheldünen. Die höchsten Sicheldünen der Erde türmen sich im Nordosten Brasiliens auf. In Jericoacoara sind die wandernden Sandberge 50 Meter hoch und 800 Meter lang. Weil der Wind lediglich den oberflächlichen Sand transportiert, legen derart riesige Dünen nicht mehr als acht Meter pro Jahr zurück. Während der Regenzeit laufen die Täler zwischen den Dünen mancherorts zu kleinen Seen voll.

Noch höher können Wanderdünen auf dem Mars werden. Unser Nachbarplanet ist kleiner als die Erde, seine Anziehungskraft geringer, der Wind kann viel kräftiger blasen, die Sandkörner sind größer. Auf Satellitenbildern sieht man 200 Meter hohe Dünen über die Marsoberfläche laufen. Unter solchen Wanderdünen würden ganze Städte verschwinden.

Warum sind die längsten Tage nicht auch die heißesten?

Auf der Nordhalbkugel ist der 21. Juni der längste Tag des Jahres. In Flensburg bleibt die Sonne dann 17 Stunden und 20 Minuten über dem Horizont, mehr als eine Stunde länger als in München. Noch weiter nördlich, in Helsinki etwa, dauert der Tag zur Sommersonnenwende mit 19 Stunden schon dreimal so lang wie zur Wintersonnenwende am 21. Dezember. Und am Polarkreis geht die Sonne nun gar nicht mehr unter. Sie scheint noch mitten in der Nacht.

Zum Mittsommernachtsfest muss man sich dort dennoch warm anziehen. In den Polargebieten bleibt es vergleichsweise kalt. Was lange wärmt, wärmt längst nicht gut.

Während die Sonne im Süden am Mittag hoch am Himmel steht, steigt sie im Norden nur wenig über den Horizont. Das Sonnenlicht fällt unter flachem Winkel ein. Daher verteilen sich die Strahlen auf eine größere Fläche und spenden weniger Wärme. Das ist der wesentliche Grund dafür, dass es im Norden kälter ist als im Süden und im Winter kälter als im Sommer.

Selbst der höchste Sonnenstand garantiert jedoch nicht die höchsten Temperaturen. Am wärmsten ist es bei uns weder mittags noch am 21. Juni, sondern mit einiger Verzögerung meist erst zwischen zwei und drei Uhr nachmittags und im Juli oder August.

Stellen wird uns die Erde mit ihren Ozeanen einmal als Badewanne vor. Lassen wir nun warmes Wasser zulaufen, zeigt das Thermometer erst nach einer Weile die gewünschte Badetemperatur an. Es geht schneller, wenn das vorhandene Wasser bereits vorgewärmt war.

»Bei uns hängt die Sommertemperatur stark davon ab, wie gut sich der Atlantik bereits aufgewärmt hat«, sagt Uwe Ulbrich, Meteorologe an der Freien Universität Berlin. Denn unsere Warmluft kommt in der Regel aus westlicher Richtung, vom Meer. »In anderen, trockeneren Gegenden kann es jedoch schneller Sommer werden.« In Zentralasien zum Beispiel oder in der Sahara.

Kontinente heizen sich rasch auf. In einem trockenen Sandboden erwärmen sich nur die obersten Schichten, während unterhalb von zehn bis 20 Metern Tiefe die Temperatur das ganze Jahr
über gleich bleibt. Im Meer dagegen gelangt die Wärme in tiefere
Schichten. Und so wie die Badewanne nicht gleich auskühlt,
wenn der Warmwasserhahn zugedreht wird, ist der Ozean ein
noch viel größeres Wärmereservoir. Er kann die im Sommer aufgenommene Energie zu späterer Zeit wieder abgeben. Diese aus-
gleichende Wirkung sorgt für ein angenehmes Klima in Küstengebieten.

Warum müffelt Achselschweiß?

Schnell sind wir auf zwei Beinen nicht. Aber ausdauernd. Bei
einer längeren Jagd können Buschmänner selbst die schnellste
Raubkatze stellen, den Gepard. Dabei kommt ihnen die geringe
Körperbehaarung zupass. Seit der Mensch das Fell abgelegt hat,
kann er die von den Muskeln erzeugte Wärme rascher abgeben.

Der Schweiß schafft sie fort. Wenn er auf der Haut verdunstet,
machen sich Wassermoleküle auf den Weg, die dem Körper
Energie entziehen. Die natürliche Klimaanlage hilft vor allem
Sportlern. Wer gut trainiert ist, schwitzt bei Anstrengung früher
und sondert mehr Schweiß ab – Spitzensportler zwei bis drei
Liter pro Stunde.

»Besonders stark schwitzen wir im Gesicht, auf Brust und
Oberarmen«, sagt Carsten Niemitz, Humanbiologe und Anthro-
pologe an der Freien Universität Berlin. Die Schweißdrüsen
sitzen dort dicht beisammen. »Die oberen Körperregionen sind
auch dem Wind stärker ausgesetzt.« Jeder Luftzug führt Wärme
ab und beschleunigt die Verdunstung. So bewahren wir mit
Schweißperlen auf der Stirn einen kühlen Kopf.

Unter den Achseln ist die Schweißproduktion mit weniger als
einem Prozent der täglichen Ausdünstungen nicht gerade hoch.
Trotzdem finden sich ungeliebte Schweißflecken auf der Kleidung oft in Achselhöhe. Das liegt an der eingeklemmten Lage,

aus der der Schweiß nicht so leicht verfliegt. Stattdessen nehmen ihn die Achselhaare auf und schaffen bei Hitze ein feuchtes Milieu, in dem sich Bakterien ausgezeichnet vermehren.

Ähnlich wie in der Schamgegend werden unter den Achseln mit Beginn der Pubertät neben den herkömmlichen Schweißdrüsen auch größere, apokrine Drüsen aktiv. Sie bescheren uns Schweißausbrüche bei Stress, Angst oder sexueller Erregung, scheiden Fette und Eiweißstoffe aus, von denen sich die für jedermann unterschiedliche Bakterienflora ernährt.

Schweiß ist zwar zunächst geruchlos, aber unter den Achseln verwandeln ihn die Mikroben in geruchlich hervorstechende chemische Verbindungen. An heißen Tagen machen sie durch den säuerlich-käsigen Geruch von Isovaleriansäure auf sich aufmerksam. Dagegen haben die Abbauprodukte des männlichen Sexualhormons Testosteron eine Moschusnote. Überhaupt riecht männlicher Achselschweiß, hormonell bedingt, meist strenger als der von Frauen.

Die persönliche Duftnote kann anziehend wirken. »Man nimmt sie gut wahr, weil die Achseln in Höhe der Nase liegen«, sagt Niemitz. In einer von Deostiften überrollten Gesellschaft gibt es allerdings nur noch wenig zu schnuppern.

Warum werden Stechmücken erst abends aktiv?

Fliegen ist ein kräftezehrendes Geschäft. Vor allem, wenn der Wind zu stark bläst. Bei nahendem Sturm fliegt die Sturmschwalbe als Erste an Land und bringt sich in Sicherheit. Kleine Vögel wie der Zaunkönig meiden die windigen Meeresküsten generell und halten sich in windgeschützten Wäldern auf.

Insekten müssen noch vorsichtiger sein. Ein stürmischer Wind kann eine Heuschrecke über Tausende Kilometer von einem Kontinent zum anderen tragen, noch zartere Wesen wie Libellen, Stechmücken oder Obstfliegen sind schon einer schwachen Brise hilflos ausgeliefert und halten sich tunlichst vom Strand fern.

Der Wind wird von der Sonne angetrieben. Sein Tagesgang ist an ihren Lauf gekoppelt. In der Dämmerung wird der Wind in der Regel schwächer. Und wenn nicht gerade ein Hochdruckgebiet heranzieht oder ein anderer Wetterumschwung ins Haus steht, sind Nächte oft recht windstill. Das macht es Stechmücken mit ihrem geringen Gewicht von nur etwa zwei Tausendstel Gramm leichter, sich fortzubewegen.

Culex pipiens, die Hausmücke, wird erst in der Dämmerung aktiv. Etliche Anopheles-Arten verhalten sich ähnlich. Sie fliegen meist in Bodennähe, meiden windige Tage und große Entfernungen. Hausmücken etwa brüten gerne in der Regentonne, in Regenrinnen, im nahen Gartenteich und selbst in Vasen oder Blechdosen.

Die nächtlichen Blutsauger profitieren dabei von unserem Tag-Nacht-Rhythmus. »Es ist gefährlich für sie, auf Mensch oder Tier zu landen und Blut zu saugen«, sagt Martin Geier, Leiter der Mückenarbeitsgruppe an der Universität Regensburg. »Nachts haben sie es mit ruhenden Wirten zu tun, die sich nicht wehren.« Setzen die Mücken ihren feinen Stich kurz und schmerzlos, brauchen sie nicht zu fürchten, dass unsereins zum tödlichen Gegenschlag ausholt, während sie sich minutenlang mit Blut vollsaugen.

Wie beim Menschen ist ihr Tag-Nacht-Rhythmus genetisch vorgegeben. Es gibt allerdings auch Stechmückenarten, die tagsüber aktiv sind und ihre Eier – wie die Wiesenmücke oder die Auwaldmücke – auf trockenen Überschwemmungsflächen ablegen, wo die Larven bei der nächsten Überflutung in großer Zahl schlüpfen. Sie können in diesen Gebieten zu einer viel größeren Plage werden als vereinzelte Hausmücken. Meist sind sie ein bisschen kräftiger gebaut und bewältigen auch schon mal Strecken von zehn bis 15 Kilometern.

Warum können Mücken kein Aids übertragen?

Mitte der Achtzigerjahre kam es in Belle Glade in Florida zu ungewöhnlich vielen Aidserkrankungen. Einige Wissenschaftler vermuteten damals, Insekten könnten die unheilbare Immunschwächekrankheit übertragen. Denn in der Region wimmelte es von Stechmücken. Nachforschungen ergaben dann, dass Kinder und Senioren nicht betroffen waren, die Promiskuität in der Gegend aber hoch war. Das HI-Virus wurde nicht von Mücken, sondern beim Sex weitergegeben.

Bis heute gibt es keine Hinweise darauf, dass Stechmücken Aids übertragen können, obschon sie viele Erreger an den Menschen weitergeben. Alle 30 Sekunden stirbt irgendwo auf der Erde ein Mensch an einer von Mücken übertragenen Krankheit: an Malaria oder Gelbfieber, an West-Nil- oder Denguefieber.

Malaria zum Beispiel wird erst durch einige Anopheles-Arten zu einer wirklichen Gefahr. Die mit dem Blut aufgenommenen Krankheitserreger, die Plasmodien, vermehren sich prächtig im Körper der Mücken. Sie gedeihen in der Mitteldarmwand der Insekten und dringen von dort in mehreren Entwicklungsschritten in andere Bereiche des Körpers vor. Das Insekt ist schließlich voll davon.

Ähnlich verhält es sich mit dem West-Nil-Virus. »In einem einzigen Mückenbeinchen kann man 100 000 West-Nil-Viren finden«, sagt Georg Pauli, Leiter des Zentrums für biologische Sicherheit am Robert Koch-Institut in Berlin. Sticht die Mücke zu, injiziert sie den Erreger über ihre Speicheldrüsen in die Wunde.

Doch beim HI-Virus liegt die Sache anders. »Es kann sich nicht in der Mücke vermehren.« Wenn die Mücke ihre Nahrung, das Blut, abbaut, überlebt das empfindliche Virus nicht. »Es wird im Magen-Darm-Trakt verdaut.«

Das HI-Virus findet in der Mücke keine geeigneten Wirtszellen. Es ist hochgradig an den Menschen angepasst. Seine Hülle entsteht aus der Membran menschlicher Zellen, und die viralen Eiweißmoleküle in dieser Hülle können wiederum nur an menschliche Zellen andocken. Sie sind auf Wirtszellen angewiesen, die sogenannte CD4-Rezeptoren tragen. Solche Anlegestellen haben vor allem Lymphozyten, die beim Menschen für die Immunabwehr zuständig sind.

Die CD4-Rezeptoren sind charakteristisch für jede Spezies. Die menschlichen Rezeptoren unterscheiden sich von denen des Hundes oder der Katze. Auch Übertragungswege über Mücken sind dem Virus versperrt. Die Sorge, durch die kleinen Quälgeister mit Aids infiziert zu werden, bleibt uns im Sommer daher zum Glück erspart.

Warum fliegt ein Frisbee?

Zu den unbekannten Flugobjekten, für die die Bezeichnung »UFO« zutreffend war, gehörte eines, das als »Kaspisches Seemonster« in die Geschichte einging. Der amerikanische Geheimdienst sichtete den Flieger während des Kalten Krieges. Das unbekannte Flugobjekt jagte, für die Radargeräte kaum erkennbar, mit einer Geschwindigkeit von mehreren Hundert Kilometern pro Stunde übers Meer, knapp über dem Wasserspiegel. Es war eine von den Sowjets gebaute Militärmaschine, die im Zuge weiterer technischer Entwicklungen groß genug für den Transport ganzer Bataillone nebst Schützenpanzern werden sollte.

Das Fluggerät nutzte dieselbe Auftriebskraft, die eine Frisbee-Scheibe regelrecht vom Boden abprallen lässt. Gut geworfen, nähert sich der Frisbee dem Boden, steigt aber dann wieder auf, ohne den Untergrund zu berühren. Ein Kunstflug, mit dem geübte Frisbee-Spieler den Anfänger verblüffen können.

Die rasch rotierende Frisbee-Scheibe hat während des Flugs eine stabile Lage. Mit ihrem dicken Rand dreht sie sich wie ein Kreisel und behält deshalb ihre Neigung bei. Wenn ihr der Spieler zu wenig Drehimpuls gibt, beginnt sie dagegen zu flattern und stürzt vorzeitig ab.

Es ist in erster Linie ihre Form, die die Frisbee-Scheibe so schön gleiten lässt. Auf der gewölbten Oberseite hat die Luft einen längeren Weg zurückzulegen als auf der flachen Unterseite.

Sie strömt oben schneller vorbei, dort herrscht ein geringerer Druck als unten: Die Scheibe erhält Auftrieb.

»Wenn sie sich dem Boden nähert, ändern sich die Druckverhältnisse«, sagt André Brunn, Ingenieur am Institut für Luft- und Raumfahrt der Technischen Universität Berlin. Unter ihr staut sich die gebremste Luft. »Unter der Scheibe kann nun weniger Luft strömen und muss zur Seite oder nach oben ausweichen. Dabei wird die Luft über dem Frisbee beschleunigt.« Während der Druck an der Unterseite zunimmt, ist er auf der Oberseite geringer. Das katapultiert die Scheibe wieder nach oben.

Je größer ein Fluggerät ist, umso besser kann es diesen Bodeneffekt ausnutzen und umso höher kann es über der Oberfläche fliegen, ohne den zusätzlichen Auftrieb zu verlieren. Das »Kaspische Seemonster« war daher ungewöhnlich groß. Der Bodeneffekt ist auch der Grund dafür, dass ein Flugzeug beim Landen nur langsam Höhe verliert. Segelflieger können längere Zeit knapp über dem Boden schweben und gemächlich bis vor die Abstellhalle ausgleiten.

Warum bekommt man hinter Fensterscheiben keinen Sonnenbrand?

Die Fabrikation von Fensterscheiben hat zum Glück nicht so lange auf sich warten lassen wie die Herstellung von Antibiotika. Sonst wären noch mehr Menschen in dunklen Häusern an Depressionen erkrankt. In England tauchten Ende des 12. Jahrhunderts die ersten Glasfenster in Wohnhäusern auf, Mitte des 15. Jahrhunderts besaßen in einer Stadt wie Wien die meisten Häuser bereits Scheiben aus Glas.

Das Material selbst ist viel älter. Handwerkern aus dem Nahen Osten gelang es schon vor 4000 Jahren, den Luxusartikel aus Sand und anderen Stoffen herzustellen. Beim Glas kommt es auf die schnelle Abkühlung an. Wenn eine Schmelze langsam erstarrt, entstehen regelmäßige Kristalle, etwa Siliziumkristalle für CDs. Sie sind undurchsichtig, weil die Lichtteilchen auf die darin vagabundierenden Elektronen treffen. Solche Elektronen sind für Licht äußerst empfänglich. Sie absorbieren es.

Eine Glasschmelze hingegen wird so schnell gekühlt, dass sich keine geordneten Kristalle bilden können. Zwischen den Molekülen bleibt viel Platz. Außerdem ist das Silizium, ein Hauptbestandteil von Glas, fest mit Sauerstoff verbunden. Seine Elektronen werden nicht frei. Neben dem Siliziumdioxid gibt es im Glas auch keine anderen Moleküle, deren Elektronen das sichtbare Licht einfangen könnten. Es geht durch. Man könnte meinen, das sei zufällig so. Aber störende Substanzen wie Nickel oder Kobalt werden von Glasherstellern bewusst aus der Schmelze herausgehalten.

Obwohl Glas durchsichtig ist, bekommen wir hinterm Fenster keinen Sonnenbrand. Was unsere Haut bräunt, ist nämlich nicht das sichtbare Sonnenlicht, sondern die ultraviolette Strahlung. Vor allem die energiereiche UV-B-Strahlung kann einen Sonnenbrand auslösen und unser Erbgut schädigen. Um sich davor zu schützen, produziert die Haut Pigmente, die die Strahlung frühzeitig absorbieren sollen. Die Haut wird braun.

Hinter Glas allerdings nicht, besser gesagt: kaum. Denn für die UV-B-Strahlung ist Fensterglas undurchlässig. Die ultravioletten Lichtteilchen sind bereits energiereich genug, um den nicht ganz so fest im Sattel sitzenden Elektronen im Glas auf die Sprünge zu helfen. »Die Elektronen fangen an, mit dem UV-Licht in Wechselwirkung zu treten«, sagt Eberhard Stötzel, Koordinator des Kompetenzzentrums für Glas an der Universität Aachen. Bereits die etwas energieärmere UV-A-Strahlung durchflute das Fenster nur noch teilweise und werde von Elektronen abgefangen. Im Glas vorhandenes Eisen verstärkt diese Lichtabsorption noch.

Die energiereiche UV-B-Strahlung wird völlig abgeblockt. Deshalb kriegt man hinterm Fenster in der Regel keinen Sonnenbrand. Selbst wenn's draußen kräftig brutzelt.

Warum enthält Schwimmbadwasser Chlor?

In meinem Reisegepäck befinden sich eine Auswahl verschiedener Tees und ein Tauchsieder. Teewasser gibt's an jedem Urlaubsort. Allerdings nicht immer aus dem Hahn. Leitungswasser ist mancherorts so chlorhaltig, dass nicht einmal das Bergamotte-Aroma eines Earl Grey den Geschmack überdeckt.

In Schwimmbädern macht sich Chlor manchmal schon durch den Geruch bemerkbar. Es wird dem Wasser zugefügt, weil es schon in für den Menschen unbedenklichen Mengen Keime abtötet. Das Darmbakterium Escherichia Coli reagiert empfindlich auf Chlor, desgleichen Pseudomonas aeruginosa, der Klassiker für Mittelohrentzündungen, der sogar im Shampoo überlebt. Parasiten wie Giardien oder Cryptosporidien kapseln sich jedoch ein, sind gegen Chlor resistent und müssen über Filtersysteme aus dem Wasser gefischt werden.

Chlor ist ausgesprochen reaktionsfreudig. Es wird dem Badewasser in Form von Chlorkalk, Bleichlauge oder Chlorgas beigemischt und über die Strömung im Becken verteilt. Im Wasser bildet sich daraus eine oxidierende Säure, die desinfizierend wirkt. Sie greift die Zellwände der Mikroorganismen an.

Da Chlor auch unserer Gesundheit schaden kann, setzt man es in geringer Konzentration ein. Je kleiner die Zahl der Badegäste und je besser die Filteranlagen, in denen das Wasser gereinigt wird, umso weniger braucht man davon. Wasserfilter bestehen oft aus einem Bett körniger Materialien wie Koks oder Aktivkohle. Auf ihrer großen Oberfläche halten sie Öle und Schmutzteilchen fest. Im unteren Teil des Filterkessels filtert etwa Sand weitere Partikel aus dem Wasser heraus.

»Pro Badegast sollten regelmäßig 30 Liter Frischwasser bereitgestellt werden«, sagt Andreas Nahrstedt, Verfahrensingenieur beim Rheinisch-Westfälischen Institut für Wasserforschung in Mülheim an der Ruhr. Leider scheren sich etliche Besucher nicht um die Hygiene. Verschwitzt und eingeölt springen sie ins Becken, ohne vorher zu duschen, andere pinkeln sogar ins Wasser, die Chemie nimmt ihren Lauf:

»Harnstoff und andere Verunreinigungen werden im Schwimmbecken zu Chloraminen und Trihalogenmethanen umgewandelt.« Die Chloramine sind es, die den bisweilen starken Chlorgeruch in überfüllten Bädern ausmachen. »Sie können Augen und Schleimhäute reizen.« Ihr Gehalt muss daher ständig kontrolliert, das Wasser entsprechend oft umgewälzt und gereinigt werden.

Warum laufen Wellen parallel zum Strand ein?

Einsame Inseln haben eine magische Anziehungskraft: Aus allen Meeresrichtungen rollen die Wellen auf sie zu. Man kann sein Badehandtuch am Nordstrand oder am Südstrand, am Ost- oder Weststrand ausbreiten, überall laufen die Wellen meist in strenger Formation parallel zur Küstenlinie ein.

Auf hoher See verhält sich Wasser ganz anders. Dort gibt der Wind den Ton an. Er bestimmt die Laufrichtung der Wellen, streicht über die Meeresoberfläche, die sich unter seiner Einwirkung hebt und senkt. Allerdings bläst der Wind mal aus dieser, mal aus jener Richtung – und sicherlich nicht von allen Seiten geradewegs auf den Strand zu.

In Küstennähe wird die Bewegung der Wellen jedoch in der Regel nicht vom Wind bestimmt, sondern vom Profil des Meeresbodens. Sobald eine schräg zum Strand einlaufende Welle ins flache Gewässer kommt, berührt sie den Meeresboden. Sie wird gebremst, und zwar am stärksten auf ihrer landnahen Seite.

Nun passiert das, was man erlebt, wenn man bei einer Schlittenpartie einen Fuß – sagen wir den rechten – bremsend auf den Boden setzt: Der Schlitten dreht sich nach rechts. »Auch die Welle dreht sich«, sagt Joachim Grüne, wissenschaftlicher Leiter des Forschungszentrums Küste der Universität Hannover und der Universität Braunschweig. Der zunächst weniger stark gebremste, weiter entfernte Teil der Welle holt auf, bis schließlich ein langer Wellenzug parallel zu den Tiefenlinien des Meeresbodens an die Küste brandet, und das heißt in der Regel auch: parallel zum Strand.

»Die Welle ist ein Spiegel des Untergrunds.« Sie bricht vor Erreichen des Ufers im flachen Wasser, wo ihr unterer Teil ganz auf Grund läuft und nicht weiterkommt, während das Wasser an der Oberfläche noch immer dem Strand entgegentreibt. Sie überschlägt sich wie ein Radfahrer, der die Vorderradbremsen plötzlich anzieht und einen Satz über den Lenker macht.

Je nach Verlauf des Meeresbodens brechen Wellen auf unterschiedliche Art und Weise. Steigt die Küste flach an, nimmt die Energie der Wellen stetig ab, sie trudeln langsam aus. Bei stärkerer Neigung dagegen werden sie immer kürzer und steiler, bis es zu Sturzbrechern kommt, den »Big Waves«, wie sie die Wellenreiter lieben. Gut vorhersehbar sind solche Wellen besonders dort, wo die Küste stufenförmig ansteigt. Vor Indonesien oder Hawaii gibt es solche Kanten, an denen sich Wellen wie bei einer Vollbremsung überschlagen – ein Paradies für Wellenreiter, das bei Stürzen allerdings zur Hölle werden kann.

Warum gibt es zweimal am Tag Ebbe und Flut?

Astronauten spüren wenig von der rasenden Fahrt der Internationalen Raumstation um die Erde. Sie genießen die Schwerelosigkeit. Weder drückt die Zentrifugalkraft die Raumfahrer wie auf einem Karussell nach außen, noch hält sie die Anziehungskraft der Erde auf der Innenseite fest. Auf der Kreisbahn um den Globus heben sich Zentrifugal- und Schwerkraft gerade auf. Die Astronauten schweben. Völlig schwerelos.

Ein solches Gleichgewicht der Kräfte gibt es, streng betrachtet, nur in der Mitte einer Raumstation. Auf ihrer der Erde zugewandten Seite überwiegt geringfügig die Anziehungskraft der Erde, auf der abgewandten Seite die Zentrifugalkraft. Astronauten könnten dies mit einer kleinen Feder messen. Eine daran befestigte Masse würde die Feder auf der erdnahen Seite zur Erde hin dehnen und auf der erdfernen Seite von der Erde weg.

Hoch über der Internationalen Raumstation saust der Mond um die Erde: mit 3600 Kilometern pro Stunde. Im Mondmittelpunkt halten sich Zentrifugal- und Anziehungskraft der Erde die Waage. Auf der erdnahen Mondseite dagegen überwiegt die Anziehungskraft, auf der anderen Hemisphäre die Zentrifugalkraft. Gäbe es auf dem Mond Ozeane, würden die Wassermassen stets zu beiden Seiten strömen, zur Erde hin und von ihr weg. Es gäbe zwei Flutberge, auf jeder Mondhälfte einen.

Schade, dass der Mond ein ziemlich nackter Fels ist. Gäbe es auch dort Meere, könnten wir an seinem Beispiel den Wechsel von Ebbe und Flut viel leichter verstehen. So müssen wir die Erde von außen betrachten, um ein bisschen mehr Klarheit in dieser Sache zu bekommen:

Die Erde wird ihrerseits vom Mond angezogen. Die Masse des Mondes ist etwa achtzigmal kleiner als die der Erde. Dementsprechend gering ist seine Anziehungskraft. Trotzdem vermag der Mond die ganze Erde in Unruhe zu versetzen. Warum?

Wenn zwei Himmelskörper durch ihre gegenseitigen Anziehungskräfte aneinander gebunden sind, bewegen sich beide um den gemeinsamen Schwerpunkt. Haben sie die gleiche Masse, liegt dieser Punkt, um den sie kreisen, genau in der Mitte zwischen ihnen. Mit zunehmendem Ungleichgewicht rückt der Schwerpunkt jedoch immer näher an den Himmelskörper mit der größeren Masse heran. Erde und Mond sind ein extrem ungleiches Paar. Hier liegt der gemeinsame Schwerpunkt sogar noch innerhalb der Erdkugel, also unterhalb der Erdoberfläche. Deshalb ist es richtig zu sagen, dass der Mond um die Erde kreist. Aber auch die Erde steht nicht still. Sie bewegt sich ebenfalls um den Schwerpunkt.

Dieser Eiertanz der Erdkugel bestimmt das Spiel von Ebbe und Flut. Denn auch aus dieser kleinen Kreisbewegung resultiert eine Zentrifugalkaft. Im Erdmittelpunkt gleichen sich die Zentrifugalkraft und die Anziehungskraft des Mondes zwar gerade aus. Aber auf der dem Mond zugekehrten Seite dominiert die Anziehungskraft des Mondes. Hier staut sich das Meerwasser, die Flut ist zum Mond hin gerichtet. Ein zweiter Flutberg entsteht auf der anderen Erdhälfte, wo die Zentrifugalkraft größer ist. So wandern also zwei Flutberge mit dem Mond, während sich die Erde in 24 Stunden einmal um ihre eigene Achse dreht. Es kommt zweimal täglich zu Ebbe und Flut.

Aber nicht nur die Wassermassen der Weltmeere werden von den Gezeitenkräften mitgerissen. Ganz Deutschland hebt und senkt sich im Zwölf-Stunden-Takt. »Zweimal täglich steigt der Erdboden um etwa 30 Zentimeter im Rhythmus der Gezeiten«, sagt Walter Zürn vom Geophysikalischen Institut der Universität Karlsruhe. »Für uns unmerklich.« Der Geowissenschaftler aber misst das Auf und Ab in einem Bergwerk im Schwarzwald – mithilfe von kleinen Gewichten, die an elastischen Federn hängen.

Warum dreht sich die Erde?

Nichts ist verlässlicher als der Lauf der Sonne. Morgens steigt sie überm Horizont auf, und wenn sie abends verschwindet, folgen ihr die Sterne auf dem Fuß. Auch sie wandern von Ost nach West. Allerdings dreht sich nicht das Universum um uns – die Erde selbst rotiert. Galileo Galilei wusste dies schon vor 400 Jahren. Aber weder er noch Isaac Newton oder Albert Einstein ahnten etwas von dem anfänglichen Chaos, dem wir den Wechsel von Tag und Nacht verdanken.

Unser Sonnensystem ist aus Gas und Staub entstanden. Zwar konzentrierte sich das Meiste davon im Zentrum des Urnebels, da die junge Sonne die sie umgebende Materie an sich zog. Die festen Stoffe ballten sich zum Teil jedoch auch in einer Scheibe um die Sonne zusammen und formten die Planeten.

Zunächst wuchsen die Planeten schnell. Sobald die Urerde eine gewisse Größe erreicht hatte, sammelte auch sie dank ihrer Schwerkraft Staub und Gesteinstrümmer aus ihrer Nachbarschaft ein. Sie nahm, was sie kriegen konnte. Als sie ihr Umfeld kahl gefressen hatte, verschmolz sie mit größeren Brocken, die im wechselseitigen Spiel der planetarischen Anziehungskräfte irgendwo aus der Bahn geraten waren. In der Spätzeit der Planetenentstehung kollidierte sie mit bis zu marsgroßen Protoplaneten. Dem Mond stehen solche Zusammenstöße noch heute als tiefe Krater ins Gesicht geschrieben.

»Wenn zwei Autos bei einem Unfall zusammenkrachen, drehen sie sich umeinander«, sagt Günther Wuchterl, Astrophysiker der Thüringer Landessternwarte in Tautenburg. »Es sei denn, sie prallen frontal aufeinander.« Frontale Karambolagen sind allerdings auch beim kosmischen Billard selten. Die Erde bekam vor allem seitliche Treffer. Die heftigsten davon versetzten sie vor 4,5 Milliarden Jahren in eine rasche Umdrehung, die seither etwas nachgelassen hat. Heute dreht sie sich in 23 Stunden und 56 Minuten einmal um ihre Achse.

Zwar beeinflusste der gemeinsame Lauf der Planeten und Protoplaneten um die Sonne die Art und Weise der Zusammenstöße ein wenig. Letztlich aber bestimmten ein paar Zufallstreffer die Stärke und Richtung der Erdumdrehung. Der Tag hätte durchaus länger werden können. Venus oder Uranus haben nicht nur einen anderen Takt, sondern auch einen anderen Drehsinn, beim Mars kippt die Drehachse sogar hin und her.

Das bleibt uns zum Glück erspart. Der Mond stabilisiert die Erdachse. Würde die Sahara übermorgen am Nordpol liegen, hätten wir noch ärgere Klimaprobleme.

Warum ist das Meer blau?

Von wegen blau! Wasser ist farblos, zumindest im Glas und in der Sprudelflasche. Auch im Schwimmbad täuschen nur die Kacheln einen Blauton vor.

Das Meer dagegen ist tatsächlich blau, wenn nicht zu viele Algen darin herumschwimmen. Zwar hört man gelegentlich, die Farbe des Himmels spiegele sich in der Meeresoberfläche. Aber auch wenn der Himmel fast weiß ist, bleibt das Wasser azurblau. Warum das so ist, hat erst die moderne Forschung ans Licht gebracht.

Am Strand können wir beobachten, dass sauberes Wasser mit zunehmender Wassertiefe seine Farbe ändert. Nah am Ufer ist es farblos. Nur wenn Licht eine weite Strecke durch die Flüssigkeit zurücklegt, filtern die Wassermoleküle aus dem angebotenen Farbspektrum des Sonnenlichts bestimmte Wellenlängen so stark heraus, dass sich eine Blaufärbung ergibt.

Das Sonnenlicht versetzt Moleküle jeglicher Bauart in Schwingungen. Im Innern der Moleküle kann allerlei vibrieren: Atomkerne genauso wie Elektronen, die diese umgeben. Sie nehmen Licht auf und werden beschleunigt. In der Regel machen sich aber nur die hin und her geschüttelten Elektronen bemerkbar. Bei jedem Stoff, ob Blätter oder Blüten, rufen die jeweilige Anordnung der Elektronen und ihre Bewegungsmöglichkeiten einen charakteristischen Farbeindruck hervor. »Nur bei Wasser kommt die Farbe durch die Bewegung der Atomkerne zustande«, sagt Johannes Schmid-Burgk vom Max-Planck-Institut für Radioastronomie in Bonn. Zur Verblüffung der Physiker resultiert das Blau des Meeres aus Vorgängen im Innersten der Materie.

Zum Beispiel können die Kerne der beiden Wasserstoffatome gleich- oder gegenläufig zum Sauerstoffkern schwingen. »Im Vergleich zu Elektronen sind diese Schwingungen der schweren Atomkerne jedoch langsam.« Dementsprechend werden solche Schwingungen vorzugsweise durch langwelliges Licht angeregt. Mit unseren Augen nehmen wir dieses Infrarotlicht nicht wahr. Wir bemerken die Bewegungen von Atomkernen deshalb normalerweise nicht. Die einzige Ausnahme ist erstaunlicherweise: Wasser. Warum?

Zu jeder Grundschwingung gibt es Obertöne mit kürzeren Wellenlängen. Schlägt ein Gitarrist eine Saite an, kann er diese Obertöne beim Flageolett-Spiel hörbar machen. Das Besondere an Wasser ist, dass es die Schwingungen der Atomkerne bis hinauf zum siebten Oberton sichtbar macht. Denn die Atomkerne werden durch das langwelligste gerade noch sichtbare Licht, nämlich Rotlicht, zu solchen Vibrationen stimuliert. Rotes Licht wird auf diese Weise herausgefiltert. Immerhin effizient genug, dass im Meer nach ein paar Metern Wassertiefe nahezu der komplette Rotanteil des Sonnenlichts verschwunden ist. Was zu unserem Auge zurückgeworfen wird, ergibt dagegen einen oft malerischen Blauton.

Warum ist der Schnorchel so kurz?

Schnorchler bleiben meist an der Wasseroberfläche. Sie betrachten Seesterne und Fische aus der Ferne. Ein bisschen mehr Tiefgang wäre manchmal schön, aber weiter als 35 Zentimeter reicht ihr Atemrohr nicht hinunter.

Der Schnorchel verlängert die natürliche Zuleitung zur Lunge. Diese besteht aus Mund, Rachen, der bis zu 15 Zentimeter langen Luftröhre und den Bronchien. Zusammen nehmen diese Atemwege bei einem Erwachsenen ein Volumen von etwa 150 Millilitern ein.

»Von dem halben Liter Frischluft, den wir mit einem normalen Atemzug einatmen, kommen nur 350 Milliliter in der Lunge an«, sagt Wilhelm Welslau, Präsident der Gesellschaft für Tauch- und Überdruckmedizin. »Der Rest bleibt in den Luftwegen.« Entsprechend sind die Atemwege nach der Ausatmung mit verbrauchter Luft gefüllt. Diese Luft pendelt bei der nächsten Einatmung zur Lunge zurück. »Verlängere ich die Luftröhre über einen zu langen Schnorchel, kann ich beim Atmen nur noch verbrauchte Luft hin und her bewegen, ohne dass die Lunge an sauerstoffreiche Frischluft herankommt.«

Eine lange Leitung zu haben, überfordert auch die Atemmuskulatur. Bereits eine ein Meter hohe Wassersäule über uns drückt mit 0,1 Atmosphären kräftig auf den Körper, während die ein Meter hohe Luftsäule im Schnorchel, über die die Lunge mit der Umgebungsluft verbunden ist, kaum einen Druckunterschied bewirkt. Die Lunge müsste daher ständig gegen einen höheren Wasserdruck ankämpfen, der auf dem Brustkorb lastet, die Atemmuskulatur würde rasch ermüden.

Unsere Luftröhre verzweigt sich über die Bronchien zu immer feineren Kanälen. Die Verästelungen münden in mehrere Hundert Millionen winzige Lungenbläschen ein, die über ihre Membran mit dem Blutkreislauf in Verbindung stehen. So vergrößert sich die Kontaktfläche zwischen Luft- und Blutzufuhr auf 80 bis 120 Quadratmeter, der Körper kann genügend Kohlendioxidgas gegen Sauerstoff austauschen.

Die Membran der Lungenbläschen muss dabei dem Druckunterschied zwischen Luft und Körpergewebe standhalten. In einer mit längerem Schnorchel erreichbaren, größeren Wassertiefe würde dieses Druckgefälle gefährlich groß. Es würde dazu führen, dass Körperflüssigkeit in die Lungenbläschen austritt. Eine solche Flüssigkeitsansammlung wird als Lungenödem bezeichnet. Sie kann Atemnot und andere schwere Folgen hervorrufen.

Schnorchler werden deshalb kurz gehalten. Für tiefere Einblicke in das Meeresleben müssen sie statt eines langen Rohrs auf eine geeignete Tauchausrüstung zurückgreifen.

Warum stößt der Wal mit jedem Atemzug eine Fontäne aus?

Wale haben keine Kiemen wie ein Fisch, sondern eine Lunge wie andere Säugetiere auch. Trotzdem sind sie phantastisch gute Taucher. Pottwale zum Beispiel können zwischen zwei Atemzügen über eine Stunde lang und mehr als tausend Meter tief tauchen.

In derart großen Tiefen herrscht ein enormer Außendruck. Wenn Taucher aus extremer Tiefe zu schnell wieder an die Oberfläche kommen, perlt Stickstoff in ihrem Blut aus – ähnlich wie Kohlensäure beim Öffnen der Sprudelflasche, also bei einem plötzlichen Druckabfall, Gasbläschen bildet. Das zu rasche Auftauchen kann zu Embolien führen, zu Bewusstlosigkeit, schlimmstenfalls zum Tod. Lange dachte man, Wale seien gegen diese »Taucherkrankheit« gefeit. Untersuchungen an Skeletten von Pottwalen haben jedoch ergeben, dass ein zu schnelles Auftauchen unter Umständen auch für die Meeressäuger gefährlich sein kann.

Erreicht ein Wal die Wasseroberfläche, ist er oft schon von Weitem zu erkennen. Er atmet wie ein Springbrunnen, mit jedem Atemzug stößt er eine Fontäne aus. Mehr als zehn Meter hoch spritzt das Wasser aus dem Atemloch eines Blauwals. Die Öffnung sitzt gleich hinter seinem Kopf, die Nase ist ihm in den Nacken gewandert.

Wenn der Wal an die Oberfläche kommt, um Luft zu holen, atmet er meist schon aus, bevor sein Blasloch aus dem Wasser hervorlugt. Aber auch wenn sein mächtiger Rücken bereits aus dem Meer herausragt, bleibt meist ein wenig Wasser in der Öffnung gefangen. »Etwa eine halbe Tasse voll«, sagt der Meereszoologe und Walforscher Boris Culik aus Kiel. Das bläst der Wal zusammen mit all dem Schleim in die Höhe, der in seinen Atemwegen sitzt. »Alles, was sich seit dem letzten Luftholen in seiner Lunge abgesetzt hat, kommt nun mit hohem Druck heraus.« Als würde er niesen.

Doch so heftig niest selbst ein Blauwal nicht, dass der Schleim meterhoch aufsteigen würde. Die weithin sichtbare Fontäne ist größtenteils anderen Ursprungs. Das Wasser entstammt der Atemluft selbst. Im Körper des Wals hat die Luft nämlich eine tropische Temperatur von 37 Grad. Sie ist mit Feuchtigkeit gesättigt. Schießt sie beim Ausatmen aus dem Nasenloch heraus, dehnt sich die Luft aus und kühlt im Nu ab. Dabei kondensiert der Wasserdampf augenblicklich zu kleinen Wassertröpfchen.

Der Strahl unterscheidet sich von Walart zu Walart. Pottwale zum Beispiel atmen nicht senkrecht nach oben aus, sondern 45 Grad zur Seite, Bartenwale haben zwei Blaslöcher. Walfänger und geübte Beobachter können die Meeressäuger schon von Weitem an der Höhe und Form ihrer Fontänen identifizieren.

Warum kann man schneller segeln als der Wind?

Bevor man sich mit einem Segelboot aufs offene Meer hinauswagt, sollte man seinen Regenschirm einigermaßen im Griff haben. Sie kennen die Tücken: Es regnet waagerecht, weil der Wind mal wieder ziemlich stark bläst, Sie spannen arglos den Schirm auf und mit der nächsten Böe treiben Sie wie entfesselt über den Bürgersteig. Der Fachmann sagt: Sie segeln »vor dem Wind«. Der Wind drückt Sie vorwärts, Ihr Rücken wird nass.

Diesen Vorwindkurs nutzten primitive Segelschiffe schon vor etlichen 1000 Jahren. Ideal ist er nicht. Man kann in dieser Richtung nie schneller sein als der Wind. Selbst wenn das Ziel genau in Windrichtung liegt, fahren Hochgeschwindigkeitssegler einen Zickzackkurs. Der Weg ist dann zwar länger, aber das Boot so viel schneller, dass es früher ankommt. Wie das?

»Der Wind, der das Boot antreibt, setzt sich aus dem wahren Wind und dem Fahrtwind zusammen«, sagt Wolfgang Heisen vom Institut für Schiffs- und Meerestechnik der Technischen Universität Berlin. »Man kann sagen, dass sich das Boot seinen Wind zum Teil selbst macht.« Mehr Wind führe zu mehr Kraft im Segel und damit zu einer höheren Geschwindigkeit. Und nur wenn der Wind genau von hinten komme, werde die Windgeschwindigkeit mit zunehmender Bootsgeschwindigkeit immer kleiner, bis sich wahrer Wind und Fahrtwind schließlich aufheben. Fährt man dagegen nicht genau »vor dem Wind«, so kommt eine zweite Kraft ins Spiel:

Das Segel ist gewölbt. Daher legt die Luft, die außen am Segel entlangströmt, einen weiteren Weg zurück als die Luft, die innen vorbeizieht. Aus dem niedrigeren Druck außen und dem höheren Druck innen resultiert eine schräg nach vorn weisende Kraft. Es ist dieselbe Kraft, die auch auf den nach oben gewölbten Tragflügel eines Flugzeugs einwirkt und einen ganzen Jumbo nach oben ziehen kann. Man nennt sie dann »Auftrieb«. Beim Boot wirkt sie jedoch nach vorne, weil das Segel senkrecht steht und nicht waagerecht liegt wie der Flügel.

Der Zugewinn an Geschwindigkeit durch den selbst erzeugten Fahrtwind kann dank dieser Kraft sehr groß werden – größer als der Antrieb durch Rückenwind. Katamarane oder andere moderne Segler können daher schneller sein als der Wind. Allerdings auch, weil gut gestaltete Boote durch den Widerstand des Wassers heute nicht mehr so stark gebremst werden wie alte Windjammer.

Warum treffen Wirbelstürme immer die Ostküste der USA?

Von Juni bis November ist in den USA Hurrikan-Saison. Ein Wirbelsturm nach dem anderen rast auf die Ostküste zu. Etliche von ihnen drehen unterwegs ab und lösen sich wieder auf. Die Orkane, die das Festland erreichen, können allerdings schwere Verwüstungen nach sich ziehen.

An Kalifornien geht diese Gefahr vorüber. Zwar gibt es auch über dem Pazifik Wirbelstürme, hier Taifune genannt. Aber sie bleiben der amerikanischen Westküste meist fern. Das liegt einerseits an der Wassertemperatur. Ein Hurrikan schöpft seine Energie aus der Wärme, die im Ozean gespeichert ist. Wirbelstürme entstehen in tropischen und subtropischen Gebieten, wo viel Wasser verdunstet. Damit sich aus der aufsteigenden, feucht-warmen Luft ein gigantischer Wolkenwirbel bilden kann, der auf seinem Weg übers Meer einen immer stärkeren Sog aufbaut, müsse die Wassertemperatur mindestens 26 bis 27 Grad Celsius erreichen, sagt Dietmar Dommenget vom Leibniz-Institut für Meereswissenschaften an der Universität Kiel. »Vor der Westküste der USA ist der Pazifik auch im Sommer nicht warm genug, weil der Wind dort das warme Oberflächenwasser auf den Ozean hinausschiebt und kaltes Wasser aus dem tiefen Ozean aufsteigen kann.«

Bewegt sich einmal ein Wirbelsturm auf Kalifornien zu, schwächt er im kühlen Gewässer schnell ab. Im Atlantik dagegen, vor der Ostküste der USA und in der Karibik, ist der warme, von Süden her kommende Golfstrom eine fast unerschöpfliche Energiequelle für herannahende Hurrikans.

Wirbelstürme wandern mit dem Wind, und das heißt meist: nach Westen. Die Sonne macht den Wind. Sie heizt die Tropen stark auf, dort steigt warme Luft nach oben, wandert in Richtung der Pole, kühlt unterwegs ab, sinkt und strömt zum Äquator zurück. So entstehen in niederen Breiten die Passatwinde.

Wegen der Erdrotation zieht der Passat jedoch nicht nur äquatorwärts, sondern auch nach Westen. Die Erdkugel dreht sich von Westen nach Osten, ein Punkt am Äquator legt dabei einen weiteren Weg zurück als einer in der Nähe der Pole. Deshalb bringen die aus Richtung der Pole her einfließenden Luftmassen eine kleinere Drift nach Osten mit und bleiben unterwegs gegenüber der Erdoberfläche immer weiter zurück. Sie bewegen sich westwärts.

Die mit dem Wind nach Westen wandernden Wirbelstürme entfernen sich von Kalifornien, der US-Bundesstaat bleibt von verheerenden Orkanen verschont. Dagegen wird Japan auf der westlichen Seite des Pazifiks immer wieder von Taifunen heimgesucht.

Warum ist es in der Wüste nachts so kalt?

Geografen sind anspruchslose Naturen. Statt in Vier-Sterne-Hotels zu übernachten, beziehen sie notdürftige Quartiere in der Sahara, liegen unterm Sternenzelt und teilen die nächtliche Kühle mit Wüstenfüchsen und Mäusen, Käfern und Spinnen, die mit Sonnenuntergang aus ihren Verstecken hervorkommen und sich wieder in der Erde vergraben, sobald sie ihren Durst an ein paar Tröpfchen Morgentau gestillt haben.

Die Wüste lebt. Zumindest nachts. Selbst wenn tagsüber Temperaturen von 40 oder 45 Grad Celsius im Schatten herrschen, kühlt es in der Nacht auf erträgliche 15 oder zehn Grad ab. Im Winter werden in der Sahara nachts sogar Minustemperaturen gemessen. Derartige Temperaturschwankungen von bis zu 30 Grad Celsius sind nur bei extremer Trockenheit möglich. In der Sahara sammelt sich Feuchtigkeit weder im Boden noch in der Luft. In manchen Jahren regnet es gar nicht, im Mittel fallen weniger als fünf Zentimeter Niederschlag pro Jahr.

»In den Trockengebieten der Erde hat man so gut wie keine Wolkenbedeckung«, sagt Roland Baumhauer von der Universität Würzburg, der die Klimaänderungen in der Sahara erforscht. Je weniger Wolken am Himmel sind, umso stärker erwärmt sich tagsüber der Boden durch die direkte Sonneneinstrahlung. »Die Hitze entweicht nachts aber auch schnell wieder, wenn keine

Wolken da sind, die die Wärme zurückstrahlen.« Falls der Himmel doch einmal bewölkt ist, sind auch in der Sahara die Temperaturschwankungen zwischen Tag und Nacht geringer. Denn eine Wolkendecke bildet eine Isolierschicht zwischen der Erdatmosphäre und dem umgebenden Weltall.

Dass es nach Sonnenuntergang so schnell kühler wird, liegt auch an der Beschaffenheit des Wüstenbodens. Eine Trockenwüste wie die Sahara, die eine Gesamtfläche von der Größe der USA besitzt, ist nur zu etwa einem Fünftel mit Sand bedeckt, ansonsten mit Fels und Geröll. Anders als Meere oder Seen speichern Sand und Gestein die Wärme nur oberflächlich. Die Tageshitze dringt nicht sehr tief in den Untergrund ein. Lediglich die obersten Zentimeter des Wüstengesteins mit seiner häufig dunklen Kruste aus Eisen und Mangan heizen sich auf, manchmal so sehr, dass man auf dem glühenden Fels Spiegeleier braten könnte.

Trotzdem wagen sich Wüsteneidechsen auch tagsüber nach draußen. Ein Spiel mit dem Feuer. Um sich die Füße nicht zu verbrennen, heben manche von ihnen in einem eigenartigen Tanz abwechselnd ihre Beine an: mal vorne rechts und hinten links, dann die andere Diagonale.

Warum gehen bei der Landung im Flugzeug die Lichter aus?

Im Flugzeug genießt man eine besondere Sicht auf die Welt. Wenn noch ein Fensterplatz zu haben ist. Schon auf Platz B, einen Sitz weiter, sieht man statt der wunderbaren Wüste von Arizona nur den kahlen Hinterkopf des Nachbarn oder seine aufgeschlagene Zeitung.

Flugzeugfenster sind winzig.

Der britische Flugzeughersteller de Havilland erlebte Anfang der Fünfzigerjahre mit der »Comet« eine Serie von Abstürzen. Ursächlich dafür waren unter anderem Risse an den rechteckigen Fensterausschnitten. Seither sind die Scheiben rund, klein und weit unten platziert. Man kann sie heute zwar größer und trotzdem sicher bauen, aber das ist teuer. Oft sind es Dreifachscheiben, die in die dünne Aluminiumhaut des Flugzeugrumpfs eingeschweißt sind. Sie kosten nicht nur viel, sie sind auch schwer. Mehr Glas bedeutet weniger Passagiere oder höhere Preise.

Im Flugzeug dreht sich alles um die Sicherheit und ums Gewicht. Aus Sicherheitsgründen wird zum Beispiel bei Start und Landung das Licht ausgestellt. Nicht etwa weil die Maschine den ganzen Saft für Auf- und Abstieg benötigen würde. »Für die Beleuchtung braucht man lächerlich wenig Strom«, sagt Markus Kirschneck von der deutschen Pilotenvereinigung Cockpit. Wenn die großen Triebwerke einmal laufen, ja selbst wenn nur die Hilfsturbine in Gang ist, spielt das Licht als Verbraucher nur noch eine Nebenrolle.

Der Grund für die Verdunkelung liegt woanders. »Das Kabinenlicht soll den tatsächlichen Lichtverhältnissen, welche zum Zeitpunkt des Starts oder der Landung außerhalb des Flugzeugs herrschen, so weit als möglich angepasst werden«, erläutert der Flugkapitän. Das wäre zwar nur im unwahrscheinlichen Fall einer Evakuierung der Passagiere ins Freie von Bedeutung, aber: Sicher ist sicher! Deshalb wird auch darauf geachtet, dass die Abdeckungen vor den Fenstern bei Start und Landung oben sind. Wenn es draußen dunkel ist, können sich die Augen der Passagiere schon einmal an die Umgebung gewöhnen.

Im »Dreamliner«, einer neuen Boeing 787, soll die Aussicht übrigens dank deutlich größerer Fenster besser werden. Geplant ist, dass sie sich individuell elektronisch abdunkeln lassen. Man sieht die streitenden Individualreisenden schon vor sich: Die einen mögen den starken Sonneneinfall überhaupt nicht, andere halten dagegen, sie hätten vor allem wegen des herrlichen Panoramas so viel Geld für den Flug bezahlt. Noch herrscht Ruhe. Auf den billigen Plätzen und vor kleinen Fenstern.

Namenregister

Stichwortverzeichnis

PIPER

Alan Weisman

Die Welt ohne uns

Reise über eine unbevölkerte Erde. Aus dem Englischen von
Hainer Kober. 384 Seiten. Gebunden

Angenommen, die Menschheit verschwindet von einem Tag
auf den anderen von unserem Planeten: Welche Spuren
hinterlassen wir auf der Erde? Alan Weisman beschreibt, wie
die Welt ohne uns der Auflösung anheimfällt, wie unsere
Rohrleitungen zu einem Gebirge reinsten Eisens korrodieren,
warum einige Bauwerke und Kirchen womöglich als letzte
Überreste von Menschenhand stehen bleiben, wie Ratten und
Schaben ohne uns zu kämpfen haben und dass Plastik und
Radiowellen unsere langlebigsten Geschenke an den Planeten
sein werden. Schon ein Jahr nach unserem Verschwinden
werden Millionen Vögel mehr leben, weil die Warnlichter unserer Flughäfen erloschen sind. In 20 Jahren werden die
großen Avenues in Manhattan zu Flüssen geworden sein. Unsere Häuser halten 50, vielleicht 100 Jahre. Großstädte in
der Nähe von Flussdeltas, wie Hamburg, werden in 300 Jahren fortgewaschen. Und nach 500 Jahren wächst Urwald
über unsere Stadtviertel.
Mehr dazu unter:
www.worldwithoutus.com

01/1656/01/L

PIPER

Thomas de Padova

Die Kinderzimmer-Akademie

160 Seiten mit 30 Zeichnungen von Martina Wember.
Gebunden

Das Kinderzimmer ist der perfekte Ort, um lebenswichtige Fragen zu diskutieren: Warum platzen Würstchen immer nur in Längsrichtung? Warum drehen sich Uhrzeiger rechtsherum? Warum wird dem Glühwürmchen nicht heiß? Warum piepst geklaute Ware? Wenn Kinder dies fragen, wird es für Eltern fast immer peinlich. Thomas de Padovas »Kinderzimmer-Akademie« schafft Abhilfe. Seit Jahren stellen ihm Eltern typische Kinderzimmer-Fragen. Die schönsten davon versammelt er nun nach Jahreszeiten geordnet und gibt dazu pointierte Antworten. Er kann erklären, warum der Specht kein Kopfweh bekommt, warum nur weibliche Mücken stechen, warum beim Apfel die Schale so gesund ist oder warum den Pinguinen nicht die Füße festfrieren.

01/1647/01/R